日本與世界的鹽圖鑑

鹽品鑑師
青山志穗

童小芳／譯

Contents

首先要了解
鹽的基礎知識

愈了解愈會發現其豐富特色的
海鹽與藻鹽

Staff 照片 稲福哲彥、masaco／排版 二野宮友紀子／插畫 ナカオテッペイ

設計＆DTP 小関悠子（MATCH and Company Co., Ltd.）／撰稿助理 伊藤睦

色澤迷人的
岩鹽

各式各樣類型特殊的
其他鹽類

讓烹飪與生活都更有趣！
鹽的美味用法

salt column

圖鑑的使用說明

食材標記　一眼看懂契合度佳的食材。

牛肉　豬肉　雞肉　赤身魚肉（鮪魚等）　白身魚肉（比目魚等）　清淡蔬菜（萵苣等）　濃郁蔬菜（番茄等）　米飯　炸物　雞蛋　豆類　乳製品

國名或日本都道府縣名

商品名稱

結晶放大圖

可觀察鹽的結晶狀態。

鹽的風味

實際試吃過後，描述鹽的味道。比方說，為求方便，常用「礦物質感」來形容令人聯想到石頭或礦物的味道，或是源自各種礦物成分的深邃滋味。

※以作者與日本鹽品鑑協會的見解為基準。

契合度佳的食材與料理

※以作者與日本鹽品鑑協會的見解為基準。

價格

除了未標示價格的商品之外，皆為日本當地的未稅價。價格與包裝皆為2016年10月的資訊。

洽詢窗口

2016年10月的資訊。

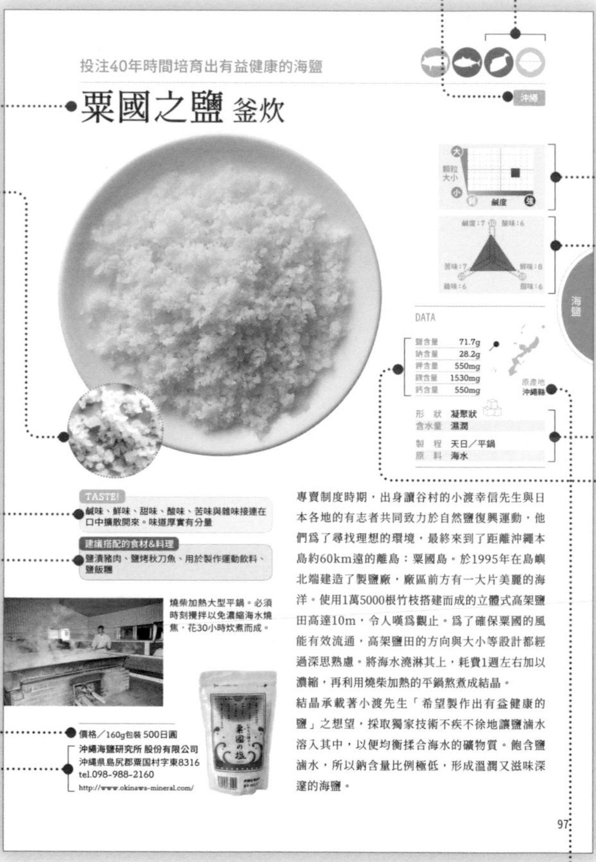

投注40年時間培育出有益健康的海鹽

沖縄

粟國之鹽 釜炊

DATA

鹽含量	71.7g
鈉含量	28.2g
鉀含量	550mg
鎂含量	1530mg
鈣含量	550mg

原產地 沖繩縣

形　狀	凝聚狀
含水量	濕潤
製　程	天日／平鍋
原　料	海水

TASTE!

鹹味、鮮味、甜味、酸味、苦味與雜味接連在口中擴散開來。味道厚實有分量

建議搭配的食材&料理

鹽漬豬肉、鹽烤秋刀魚、用於製作運動飲料、鹽飯糰

燒柴加熱大型平鍋。必須時刻攪拌以免濃縮海水燒焦，花30小時炊煮而成。

價格／160g包裝 500日圓

沖繩海鹽研究所 股份有限公司
沖縄県島尻郡粟国村字東8316
tel.098-988-2160
http://www.okinawa-mineral.com/

專賣制度時期，出身讀谷村的小渡幸信先生與日本各地的有志者共同致力於自然鹽復興運動，他們爲了尋找理想的環境，最終來到了距離沖繩本島約60km遠的離島：粟國島。於1995年在島嶼北端建造了製鹽廠，廠區前方有一大片美麗的海洋。使用1萬5000根竹枝搭建而成的立體式高架鹽田高達10m，令人嘆爲觀止。爲了確保粟國的風能有效流通，高架鹽田的方向與大小等設計都經過深思熟慮。將海水澆淋其上，耗費1週左右加以濃縮，再利用燒柴加熱的平鍋熬煮成結晶。

結晶承載著小渡先生「希望製作出有益健康的鹽」之想望，採取獨家技術不疾不徐地讓鹽滷水溶入其中，以便均衡揉合海水的礦物質。飽含鹽滷水，所以鈉含量比例極低，形成溫潤又滋味深邃的海鹽。

97

原產地或製造地

在地圖上以大頭針的末端指出其大致地點。

成分表

100g鹽中的鹽含量及鈉、鉀、鎂、鈣的含量。（　）中的數字為推算值，未檢測出的項目則不標示。鹽含量的推算值是以「鈉（g）× 2.54」來計算。

※所謂的「鹽含量」是將食品中的鈉含量換算成食鹽的含量。

「鹹度強弱×顆粒大小」矩陣圖

**將鹽的顆粒大小分成6級、鹹度強弱分為10級來品評。
根據位置是落在矩陣中的左上、右上、左下、右下或中央，
即可大致掌握與哪些食材契合度較佳。
詳情請參照「鹹度×顆粒便足以改變味道」（p.155）。**

【顆粒直徑的基準】

粗大粒……顆粒直徑大於5mm
粗粒……顆粒直徑大於1.2mm　小於5mm
大粒……顆粒直徑大於0.45mm　小於1.2mm
中粒……顆粒直徑大於0.3mm　小於0.45mm
微粒……顆粒直徑大於0.1mm　小於0.3mm
粉末……顆粒直徑小於0.1mm

味覺圖表

以書中刊載的鹽當中，各項數值皆為5的「青海」（p.102）為基準，分10級來品評其鹹味、酸味、鮮味、甜味、雜味與苦味。透過三角形的形狀即可掌握鹽的特色。

大三角形……味道強烈
小三角形……味道細膩
正三角形……味道均衡
扭曲三角形……味道特殊

※由22名品鑑訓練經驗豐富，並且經過日本鹽品鑑協會認證的鹽品鑑師資格持有者來進行鹽的品鑑，以此得出綜合評價。

檔案欄

形狀

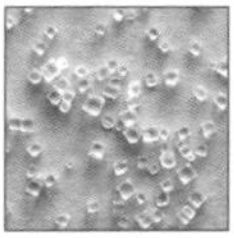

立方體
鹽的結晶往四面八方平均延伸，形成正六面體。

凝聚狀
小型立方體凝聚而成的不平均形狀。結晶較易解體。

片狀
在濃縮海水的表面上延伸而成的薄片狀結晶。易於溶解。

金字塔狀
片狀結晶因自身重量下沉所形成的金字塔形結晶。

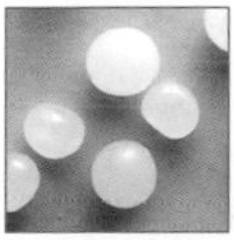

球狀
立方體結晶在濃縮海水中不斷滾動所形成的球狀結晶。

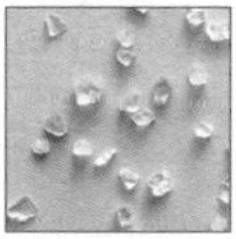

粉碎狀
粉碎各種形狀的結晶所形成的不規則形晶體。

粉末狀
讓水分瞬間蒸發所形成的晶體。亦指凝聚成極細微粒的晶體。

顆粒狀
由粉末狀的鹽凝聚而成的顆粒狀晶體。

含水量

濕潤
將鹽放在紙上左右輕晃時，結晶幾乎不會移動。結晶因水分而凝聚在一起。

標準
將鹽放在紙上左右輕晃時，結晶會輕微移動。

乾燥
將鹽放在紙上左右輕晃時，結晶會左右移動。

製程

依濃縮⇒結晶⇒加工的順序記載。不過如果濃縮與結晶的製程相同，則省略為一個步驟（例：平鍋／平鍋⇒平鍋）。

原料

製作鹽的原料。

關於鹽的品鑑

人的味覺感受方式也會因為身體狀況而有所變化，因此在進行鹽的品鑑時，會設定一個在味覺圖表上數值皆為「5」的鹽作為基準，透過相互比對來品評，極力減少落差。日本鹽品鑑協會根據味覺比例、顆粒形狀、含水量與品質的穩定性等，選擇「青海」（p.102）作為評比的基準鹽。

※數據皆為2018年3月的資料。有時會變換包裝等，最新資訊請洽詢製造商。

前言

正如同一種蔬菜或水果的風味會因季節或生產者而異，每一種鹽的味道與形狀也各不相同，特色豐富的程度令人驚豔。目前日本國內已有約4000多種鹽在市面上流通。爲了讓更多人了解鹽的樂趣，本書所介紹的主要是過去稱作「自然鹽」※，亦即非由離子交換膜法所產生的鹽。內容還含括許多訣竅，能吃得更美味並且聰明享受鹽的樂趣，比如鹽的靈活運用法、鹽與食材的搭配法、專業廚師推薦的用鹽法等。

靈活地運用鹽，不僅可透過各種味道來享受同一種食材，還能凸顯出食材原有的風味，以結果來說，少量即可。如果隨餐附上數種不同的鹽，想必大家會紛紛表示「我喜歡這種」、「這些紅色顆粒也是鹽嗎？」等，讓餐桌上的話題更爲熱絡。

希望閱讀本書的每一位讀者都能透過鹽，讓餐桌與生活都變得更健康、豐富且愉快。

鹽品鑑師

青山志穗

※日本食用鹽公平交易委員會所制定的規章中，對於使用「自然鹽」或「天然鹽」這類名稱的商品，在宣傳與販售上皆有所規範。然而，由於目前尚無替代名稱，本書便依循往例，將非由離子交換膜法所產生的鹽統稱爲「自然鹽」。這麼做並不是要主張透過離子交換膜法產生的鹽不是自然的鹽。

Part 1

首先要了解
鹽的基礎知識

大家知道在日本販售的鹽多達約4000種嗎？
日常生活自不待言，鹽對人體也是不可或缺的。
本章節彙整了一些大家以爲知道
但實際上並不了解的基礎知識。
一起來探究鹽的類型與製造程序等各個面向吧。

首先要了解

什麼樣的鹽稱得上「好鹽」？

日本國內小型製鹽廠生產的鹽，或是從各國進口的鹽等，我們的選擇愈來愈廣泛。那麼，應該選擇什麼樣的鹽才好？「好鹽」是指什麼樣的鹽？

「好鹽」的定義因用途而異

「哪一種鹽最好？」其實是非常難以論斷的問題。這是因爲「最好的鹽」取決於「打算用於何種用途」或「想吃什麼樣的味道」。

以「炸物的沾鹽」爲例，有時想減輕油膩感、有時又想吃重口味來感受油脂的甜味，配合時機搭配的鹽也會有所不同。若將能提引出冰番茄甜味的鹽用在豆腐上，則有可能會帶出澀味。

大家只須參考本書中所介紹的鹽與食材搭配法（p.154～）與鹽的圖鑑，即可配合用途來挑選鹽。請務必依用途找出每個當下「最好的鹽」。

CASE 1

應該準備什麼樣的鹽？

先請參考「靈活運用才能享受更多鹽的樂趣」（p.154），準備4種顆粒大小與鹹度各異的鹽，並各備1種百搭鹽與宴客鹽即可。只須備妥6種鹽，就能足以樂在其中。

CASE 2

如何選擇日常用鹽？

建議選用味道均衡、形狀與大小皆符合標準、含水量適中且便於搭配任何食材的鹽。價格高昂也未必是好鹽，不妨找找自己喜歡的鹽，不必在意價格。

CASE 3

有減鹽之效的鹽？

只要搭配與食材風味契合的鹽，少量的鹽也能充分發揮效果，還可以減少用鹽的總量。選用鈉含量比例較低的鹽也OK。

CASE 4

什麼鹽適合招待客人？

有客人來訪或遇到紀念日等而想讓餐桌熱鬧起來時，建議使用調味鹽。單憑加了色彩豐富的香草或花瓣的鹽，就能讓餐桌增色不少。

品牌多達數千種！

找到「最適合自己口味」的鹽！

鹽的類型可以根據原料加以區分

全球每年的鹽產量約爲2億8000萬噸。光是在日本能買到的鹽就有約4000多種。各種鹽還能根據原料區分成「海鹽」、「岩鹽」、「湖鹽」與「地下鹽水鹽」。

在日本提到鹽，印象較爲強烈的雖然是海鹽，不過岩鹽才是全球的主流，約占總產量的6成。據說海洋是因爲數億年前發生的地殼變動，才被大地所包圍，而經年累月所形成的結晶即爲岩鹽，但在此過程中會先形成鹽湖。至於海鹽，在世界各國的沿岸地區都會有人以海水爲原料來製鹽，占總產量的3成。

除此之外，另有以鹽的成品爲原料來生產的「再製加工鹽」、混合香草或香料等拌製而成的「調味鹽」，以及日本自古以來的「藻鹽」等。

海鹽 28頁

透過某些方式使海水濃縮、結晶所形成的鹽。雖會因製法而異，不過大多都會含有鹽滷水。產自世界各地的沿岸地區。

湖鹽 130頁

採集自高鹽度湖泊的鹽。最著名的有以色列的死海與玻利維亞的烏尤尼鹽沼。但只能在旱季採收鹽，所以產量不高。

根據原料的不同，可將鹽大致區分成4類，
還可再做加工或混合拌製等，改變樣態。

藻鹽 106頁

在海藻上澆淋海水或是一起熬煮等，讓鹽飽含海藻的精華，可說是日本獨有的鹽。

岩鹽 116頁

海洋因地殼變動而被大地包圍，經年累月在地下結晶所形成的鹽。岩鹽大多受到土壤成分的影響而沾染了顏色。基本上鈉含量比例偏高。

地下鹽水鹽 134頁

岩鹽逐漸溶於伏流中，形成流淌於地底的鹽川或地底湖，以其鹽水製成的鹽。與岩鹽一樣，會受到土壤的影響。產量低。

調味鹽 139頁

在鹽裡拌入香草或香料、熬煮含鹽醬汁或萃取物所形成的結晶等，是混合各種素材而成的鹽。

鹽的特色
取決於原料×製法！

鹽不單純只有鹹味，而是各有不同的味道、形狀與顏色。
這些差異，也就是鹽的特色，是取決於原料與製法。

原料造成的差異

海流

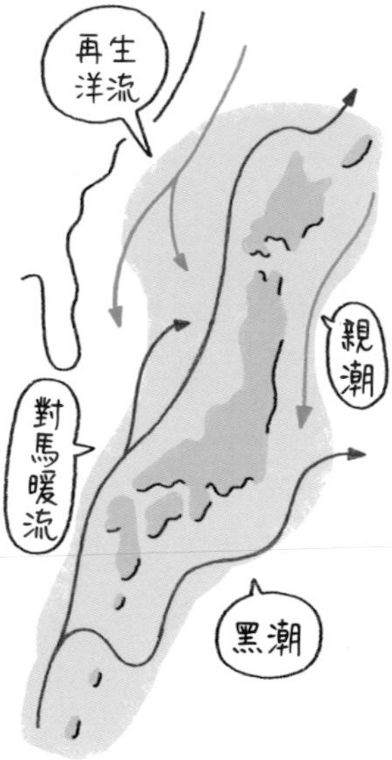

暖流因營養不足而浮游生物不多，製成的鹽味道清爽，適合搭配蔬菜；寒流則因營養豐富而浮游生物繁多，製成的鹽味道濃厚，適合搭配牛肉等味道濃郁的食材；兩者中間地區所產出的鹽則味道往往較為均衡，適合搭配魚肉。

取水點

如果是在河口附近取水，後方山地所含的成分會對味道產生莫大影響（例：鐵礦山⇒鐵味）；另一方面，如果是從海上取水，產出的鹽會帶有當地海流的味道。海洋深層水製成的鹽則味道往往較為暢快爽口。

取水時間

以滿月之日滿潮時海中礦物質豐富的海水所製成的鹽，味道往往較為扎實；反之，以新月之日的海水所製成的鹽，則通常較為細膩且海潮味強烈。

鹽的種類繁多，各自具備豐富的特色。味道濃淡、鹹度強弱、顆粒大小、顏色與結晶形狀等，各種要素互相結合，形成美味度各異且別具特色的鹽。

此外，不同的採集地點與採收時期會產生原料上的差異，不同的製造方法則會造成顆粒大小、形狀與含水量等差異。比方說，利用平鍋炊煮取自河口附近的海水，會產出含有山地礦物質的鹽。即使採取相同的製法，若改用取自海上的海水，則會產出具備海流特色的鹽。

製法造成的差異

顆粒大小

顆粒是根據顆粒直徑由大至小區分成粗大粒、粗粒、大粒、中粒、微粒與粉末。結晶愈大，溶解得愈慢，口感愈溫潤；結晶愈小，則溶解得愈快，口感也愈鹹。

結晶形狀

結晶的形狀基本上是立方體，但會因為溫度或濕度而產生各種變化。片狀或金字塔狀的結晶口感別具樂趣，適合作為頂飾配料；粉末狀的鹽能迅速滲透食材，用於食材的前置準備作業再適合不過；岩鹽與湖鹽則大多是磨碎後使用。

含水量

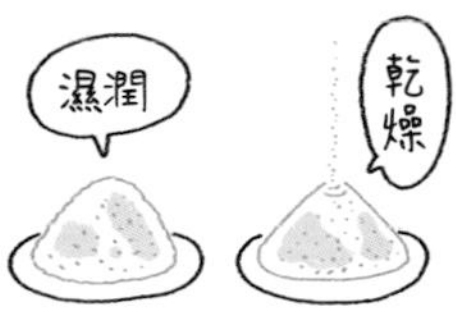

鹽裡所含的水分稱作「鹽滷水」，是一種以鎂、鉀與少量鈉為主的液體，其含量會依製法或結晶後讓鹽靜置熟成的時間長短而異。岩鹽與湖鹽則幾乎不含鹽滷水。

成分比例

鹽的主要成分為鈉、鎂、鉀與鈣。每種成分形成結晶的時間點各異。如果是海鹽，礦物質的成分比例取決於何時從鍋釜中取出鹽；如果是岩鹽，通常鈉含量比例較高。

鹽的主要製程

在日本普遍爲大眾所熟悉的海鹽是經過3大程序製造而成。
雖然都統稱爲製程，每家製鹽廠採用的方法卻各有不同。
了解鹽是如何形成的，將有助於理解各種鹽的特色。

\製程/

1 濃縮

提高海水的鹽度再加以濃縮

將海水的鹽度從3.4%左右提升至6～20%左右。使用火力的燃料成本高昂，所以大多是採用日晒或風乾使水分蒸發等利用大自然之力的方法。經過濃縮製程提升了鹽度的海水即稱為「鹼水」。

\製程/

2 結晶

進一步提升鹽度使其結晶

進一步提升鹼水的鹽度，使其形成結晶。結晶後的濃度會因鹽的成分（鈣與鈉等）而異，所以製成是採用日晒或是火力，還有結晶的程度等等，都會改變鹽的礦物質比例，最終孕育出別具特色的風味。

製鹽現場 ❶ 沖繩縣「高江洲製鹽廠」

1
浮游生物比較少的黑潮流經高江洲製鹽廠前方的廣闊海域，該廠即是於滿潮時從中汲取海水作為原料。周遭並無住家與田地等，所以無須擔心生活廢水或農藥汙染。

2
用以濃縮海水的「枝條架式鹽田」。利用幫浦抽取海水，使其緩緩流入上層的竹枝，並從3.5m的高處順著竹枝往下流，在這過程中透過大自然的風與陽光來蒸發水分。流至下方的水則再度利用幫浦往上抽取，再從上層往下流。反覆循環多次，夏天要花2～3天，冬天則需1天，才能使其濃縮至15%以上。

3
用以執行結晶製程的「平鍋」。大型平鍋，一次可以處理800L的濃縮海水。以鍋爐加熱約30分鐘，會開始沸騰並出現浮沫，所以最初要片刻不離地撈除浮沫。大約1小時後便可看到結晶。

海鹽是經過3大程序製造而成

製鹽包括「濃縮」、「結晶」與「加工」3道製程。

海鹽必須將海水的鹽度從3.4%左右提升至20～30%，所以首先進行的是「濃縮」製程，使其濃縮至一定程度。隨後才進入「結晶」→「加工」。如果是開採岩鹽或湖鹽等已經形成結晶的鹽來製造，基本上無須「濃縮」，只須執行「結晶」→「加工」部分的製程。

國外盛行在內陸地區開採岩鹽，或在沿海地區利用廣大鹽田製造天日鹽。然而日本缺乏岩鹽層與鹽湖，加上國土狹窄且氣候高溫潮濕，故而在每一道製程中開發出各式各樣的方法。

\製程/

▶3 加工

整收鹽結晶的製程

烘烤結晶使其乾燥、塑形成顆粒或片狀，抑或是混合添加物等，進行最後的加工。如果是海鹽，有時並不會進行特別處理，只須讓形成結晶的鹽靜置濾掉鹽滷水並去除雜質，然後直接包裝。

4

訣竅是善用鍋鏟，避免看似氣泡的浮沫混入於鍋底形成的結晶中。據說結晶以低溫炊煮會變粗，以高溫炊煮則會變細，所以炊煮時會觀察顆粒的狀況來微調鍋釜的溫度。

5

讓在鍋釜中成形的結晶充分吸收鹽滷水後才取出。大約炊煮3小時半即完成。

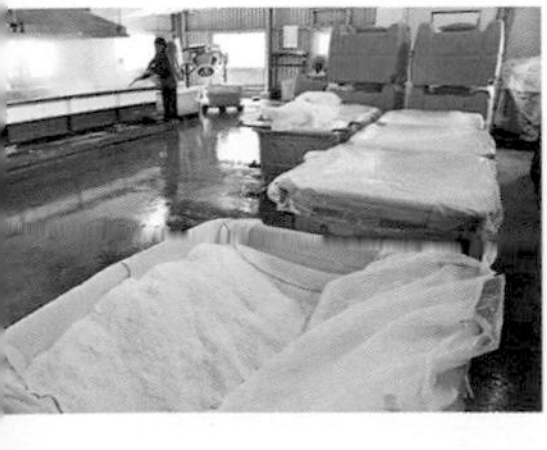

6

完成的結晶含有鹽滷水，所以略帶褐色。將這些結晶移放至鋪了布的木板箱裡，拌勻後靜置熟成。2～3天後，恰到好處地濾除鹽滷水，結晶變成純白色即大功告成。

我們的目標是生產
一如往昔的美味海鹽。

「高江洲製鹽廠」製鹽師・高江洲優先生

高江洲製鹽廠位於沖繩本島中部的離島「濱比嘉島」，從事製鹽事業。廠內設施隨處可見製鹽師・高江洲優先生的巧思。枝條架式鹽田拆解了1000支竹掃把才打造而成，利用拆卸式的竹枝結構來抵禦颱風侵襲，平鍋的熱源是來自蒸氣而非直接火烤加熱……。「這些全是在試錯中摸索出來的結果。我希望借助大自然之力，生產出美味的海鹽」，高江洲先生鏗鏘有力地說道。

▸▸▸「濱比嘉鹽」（高江洲製鹽廠）⇒99頁

1 濃縮製程 *concentration*

結晶前先濃縮海水

將海水的鹽度從3.4％左右濃縮至6～20％左右。

從繩文時代的化石中即可窺見一二：日本人的祖先一直以來都是直接以陶器不斷熬煮海水，使其濃縮並結晶。然而，若從一開始就用鍋釜持續炊煮使海水形成結晶，須投注漫長時間與大量燃料，所以後來開始執行濃縮製程，力圖藉此提高結晶製程的效率。

濃縮法的類型

天日法

僅憑藉陽光與風力來濃縮海水的製法，即稱為「天日法」。雖然統稱為「天日法」，製法卻各有不同。必須在戶外進行，所以會大受天候的影響。

位於伊豆大島的海之精股份有限公司所打造的網架流下式鹽田。從覆蓋著網子且高達6m的高架上，澆淋海水來進行濃縮。

天日法所採用的主要濃縮法類型

角花家的揚濱式鹽田，已在珠洲市傳承了6代。

揚濱式鹽田

此法是將海水灑在鹽田上，曝晒陽光乾燥後，將附著鹽的沙子集中起來，再以海水澆淋來製作濃縮海水。石川縣珠洲市為著名的產地，有從江戶時代延續下來的鹽田。

入濱式鹽田

不必人力噴灑海水，只須善用海水漲退潮的落差導入海水，即可利用毛細現象讓海水遍布鹽田表面。將海水澆淋在有鹽附著的沙子上，這點和揚濱式鹽田是一樣的，但更省力。

流下式鹽田

搭建立體的高架，從高處澆淋海水來加以濃縮。竹枝的分枝細而強韌，對人體也無害，所以自古以來都是使用竹枝，被稱作「枝條架式鹽田」。如今竹枝取得不易，便改用漁業用網（網架式鹽田）或竹簾等，使用的素材也愈來愈多樣。

為了收集從高架流下的海水，這種鹽田通常會搭配使用角度微傾的斜坡面，即所謂的「流下盤」，故將二者合稱為「流下式鹽田」。

memo 所謂的毛細現象，是指將細管狀物豎立於液體中，管內的液體會上升（或下降）而高於（或低於）管外的液體。只須在鹽田周圍引進海水，海水便會沿著沙子的隙縫往上升而進入鹽田之中。

製鹽現場❷ 沖繩縣「鹽田」

1

只要從水閘將海水引入鹽田周圍的溝渠內，海水就會因為毛細現象而從地下往上被吸引至鹽田表面。

鹽田股份有限公司於沖繩本島北部的屋我地島，復興了傳統入濱式鹽田。數百年前從薩摩（現在的鹿兒島一帶）傳入的入濱式鹽田已經發展成沖繩特有的形態，不是在礫石上，而是在珊瑚礁的潮間帶泥灘上鋪滿海砂。他們利用昔日的舊鹽田製鹽並分享美味海鹽的祕密：「海水會穿透珊瑚的石灰質，所以會形成含有大量鈣等而別具風味的鹽。」

2

因著陽光與風，海水會附著在沙子上形成結晶。鹽田是由珊瑚礁與黏土質地的沙子所構成，小心不傷及底部、將沙子耙聚成堆。處理沉重沙子的作業相當耗體力。

3

從聚集的沙子上方澆淋海水，濃縮後的海水就會從容器底部流出。再將這些海水倒入以柴火加熱的平鍋中。

▸▸▸「屋我地鹽」（鹽田）⇒101頁

濃縮法的類型

逆滲透法

RO膜（Reverse Osmosis Membrane）具有水以外的物質無法通過的特殊性質，此法便是利用RO膜來分離淡水與海水，藉此取得濃縮海水。只要1次可讓海水濃度增加約2倍。

離子交換膜法

將只允許陽離子與陰離子通過的特殊膜通電，只匯集海水中的鈉離子，如此便可有效率地取得鈉純度較高的濃縮海水。

溶解法

生產「再製加工鹽」或溶解並取出岩鹽等時候所採用的方式，將鹽溶入淡水或海水中，即可沉澱並去除雜質，能夠有效率地取得濃縮海水。

浸漬法

日本最古老的濃縮方式，基本上是指「讓海藻乾燥使鹽附著其上，在這樣的狀態下重複多次澆淋海水的程序，從而產生濃縮海水」。此法可製造出散發海潮香味且鮮味強烈的鹽。

平鍋法

此法是將海水倒入非密閉式鍋釜中熬煮，使其濃縮。多用於豪雪地區或降雨量高的地區，不需要大型設備，故可小規模製鹽。

立鍋法

此法是將海水倒入密封式鍋釜中加熱，使其濃縮。透過減壓來降低沸點，即可比平鍋法更有效率地進行濃縮。

2 結晶製程 *crystallization*

使濃縮海水形成結晶

讓海水的濃度在最終上升至20～30%，形成結晶。海水會因所含的礦物質類型不同，而影響結晶的時間點，因此鹽所含的礦物質比例會隨著收鹽時所達到的鹽度而有所變化。這會直接影響到鹽的風味，所以結晶製程可以說是製造海鹽中極其重要的一環。此外，海水結晶後，會留下礦物質的濃縮液，即所謂的鹽滷水。

高江洲製鹽廠的平鍋。讓熱騰騰的蒸氣通過鍋底的蒸氣管來加熱。也有不少地方是以柴火或瓦斯等直接火烤加熱。

結晶法的類型

天日法

此法是僅憑藉陽光與風力使海水形成結晶。國外是在戶外的廣大鹽田裡進行，日本採用的方式大多是在溫室裡鋪設成排小型結晶箱，並注入濃縮海水使其結晶。此法是耗費時間讓海水慢慢結晶，所以顆粒較大，也容易形成片狀的鹽。

平鍋法

此法是將濃縮海水倒入非密閉式鍋釜中熬煮，使其結晶。鍋釜的大小相當多樣，有差不多炒菜鍋大的，也有如泳池般大的。在煮滾沸騰後，會形成顆粒較細的凝聚狀結晶；在未沸騰的狀況下則容易形成結晶偏大而呈片狀或金字塔狀的鹽。

立鍋法

此法是將濃縮海水倒入密閉式鍋釜中熬煮，使其結晶。藉由減壓讓沸點下降，所以會比平鍋更有效率地形成結晶。通常會形成立方體的結晶，不過亦可透過鍋釜的控制來改變形狀。

採掘法

指開採已經形成結晶的岩鹽或湖鹽。受土壤的影響甚鉅，尤其是岩鹽，一般開採出的鹽會富含鐵或硫磺等該土地的成分。

噴霧乾燥法

在溫暖的室內，隨著暖風從高處噴灑霧狀的濃縮海水，使水分瞬間蒸發。與圓筒加熱法一樣，會形成含有鹽滷水的粉末狀海鹽。

圓筒加熱法

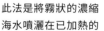

此法是將霧狀的濃縮海水噴灑在已加熱的圓筒狀金屬板上，使水分瞬間蒸發。沒有時間形成結晶，因此會產出粉末狀的鹽。這種鹽裡會含有一般會濾掉的鹽滷水。

3 加工製程 *finish*

整理完成的鹽

採收的鹽有時會直接當成商品出貨，有時則是在包裝成商品前還會經過烘烤、塑形等加工製程才出貨。

此外，如果是海鹽，在熬煮海水並採集結晶後，經常會把鹽放入篩子等中以濾除鹽滷水。但這道程序並不算是加工。

最好留意添加物！

有時會為了增加營養而在鹽裡添加碳酸鈣或氯化鉀等。國外生產的鹽裡偶爾會添加一種名為亞鐵氰化鉀的化合物，其安全性在日本仍備受質疑，所以不建議食用。此外，碘在國外會被用來增加營養，但日本尚未將其列為添加物。使用進口鹽時最好格外留意。

加工法的類型

烘烤法

此為製作「烤鹽」的程序，以380°C為界，分成「高溫烘烤」與「低溫烘烤」。透過烘烤讓鹽的結晶破裂而變細，外層會裹上一層鎂化合物而變得更乾燥。

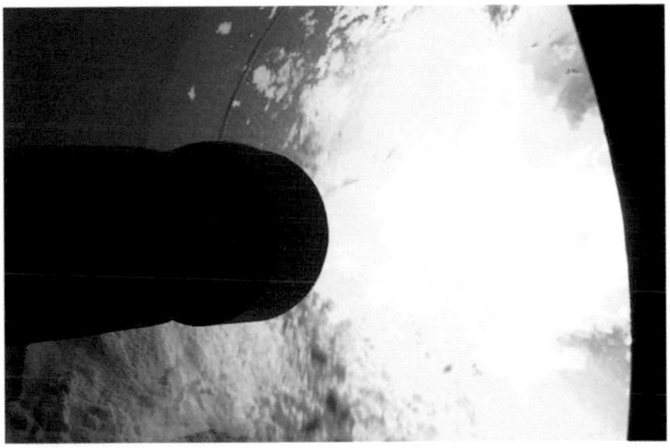

Qipower公司的烘烤爐。據說已實現了獨家烘烤技術的高溫烘烤法。

粉碎法

指粉碎鹽的結晶。一般人往往以為此法只會用在大塊採集的岩鹽或湖鹽上，不過為了方便使用，不少海鹽也會經過粉碎。粉碎方式不同，大小也不盡相同。

造粒法

透過某些方式將鹽塑造成特定形狀。有時會將粉末狀的鹽塑形成顆粒狀以便運用，或者是塑形成大塊的錠狀以作為義大利麵的水煮鹽等。

洗淨法

主要是針對進口鹽。以淡水或飽和鹽水加以沖洗，藉此清除附著在鹽表面的雜質。若以淡水清洗，會先洗掉鈉以外的礦物質，所以鈉的純度會提高。

混合法

指在鹽的結晶中混入其他成分。除了防止結塊或增加營養，生產鈉含量比例較低的低鈉鹽時，還會添加鎂、鉀與鈣等。

\出乎意料不為人知!?/

鹽的常識與新常識

鹽的世界近在咫尺卻仍無比深奧。
在此濃縮彙整並介紹鹽的特色及其周遭的世界。

你知道嗎？

1杯海水能製成1小匙海鹽

如果是僅由鈉所構成的「食鹽」，1粒鹽的重量約0.1mg。海水的鹽度約3.4%，其中氯化鈉約占78%。以此算來，1粒鹽亦即約0.1mg的「食鹽」，相當於是以約0.0377mL的海水製作而成。換言之，製造1小匙（5g）的「食鹽」約需186mL的海水；亦即，1杯海水頂多只能製造出1小匙海鹽。

※這種算法是將海水的比重設定為1。如果鹽裡含有鈉以外的成分，則會與上述數值有所不同。

常識！

日本的鹽多仰賴墨西哥與澳洲的供應

日本每年的鹽產量約爲93萬噸（2014年），然而每年的用鹽量卻高達約800萬噸，這意味著其中大部分是依賴從國外進口的鹽。日本的鹽消費量位居世界第6，產量卻排名世界第32。實際上，日本是全球第3大鹽的進口國。

日本進口的鹽來自世界各地，但主要進口國爲墨西哥與澳洲。墨西哥擁有全球最大的鹽田，差不多相當於東京都23區的大小，澳洲則擁有多座大規模的鹽田，各個都有約4000個東京巨蛋那麼大。日本進口的純天日鹽就是在這些地方耗費數年的濃縮與結晶而產出。這些鹽主要爲工業用途。

日本鹽的進口量與國家的細節
（Total 711萬噸）

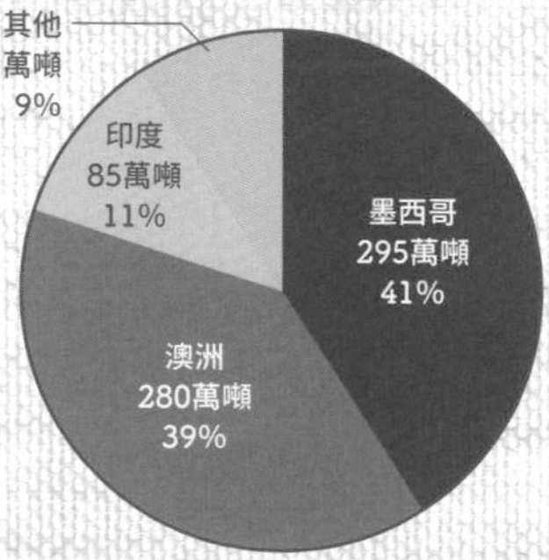

來源：「日本財務省貿易統計2015」
從墨西哥與澳洲進口的鹽大部分都用於工業用途。

鹽有益健康！適量的鹽對人體是不可或缺的

新常識！

誕生於海洋的生命之所以能進化到登上陸地，是因爲其體內可以容納海水。孕育嬰兒的羊水成分與海水幾乎相同，人類的體液則含有濃度約0.9%的鹽分。如果是體重60kg標準體型的成年男性，體內會有約306g的鹽。溶入體內的鹽肩負著新陳代謝的基礎功能，並構成肌肉、骨骼與血液等，在生命活動中發揮著重大作用。

因此，當大量出汗或極度減鹽等而過度稀釋了體內的鹽分濃度，身體就會感受到生命危機而分泌能提高血壓的荷爾蒙，從而引發倦怠感、無力、痙攣與嘔吐等症狀，最嚴重的情況可能致死。江戶時代甚至曾有過利用這種生理作用的「脫鹽之刑」。鹽在近年的減鹽風潮中往往被視爲洪水猛獸，但是攝取適量的鹽對人體而言至關重要。

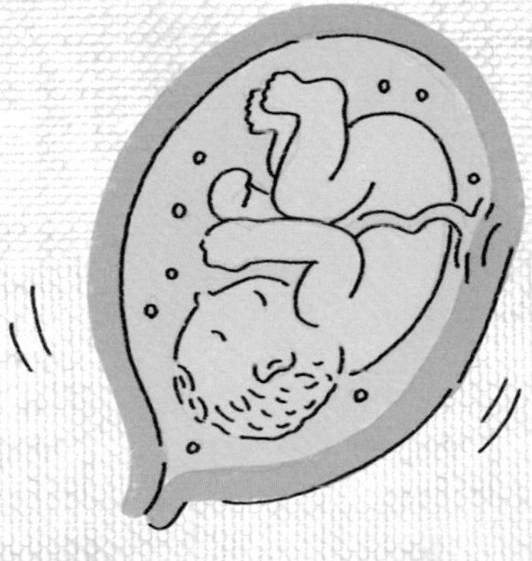

胎兒要待10個月的羊水，以及占人體7～8%的血液，兩者的礦物質比例都與海水幾乎相同。

用來引出食材原味的鹽比任何調味料都能培養味覺

常識！

在鹹味、酸味、苦味、甜味與鮮味的五味中，唯有鹹味是無可替代的。此外，甚至有句話說：「夫鹽，食餚之將；酒，百藥之長」，鹽可說是提引食材鮮味不可或缺的存在。

有別於將味道疊加在食材上的醬汁或沙拉醬等複合調味料，只須以鹽調味，即可強調並全面凸顯出食材本身的味道，還能讓我們更敏銳地感受到不同季節與產地所造成的味覺差異。長期使用鹽調味能鍛鍊味覺，也更容易讓人對食材本身的風味產生興趣。

鹽的味道是健康的晴雨表!?

你知道嗎？

構成鹽的每一種礦物質都有各自的味道。籠統地說，鈉是鹹味、鎂帶苦味與鮮味、鈣是甜味、鉀則帶酸味。因此，各種礦物質所占的比例會對鹽的風味產生巨大影響。

此外，一般來說，與體液一樣濃度、約0.9%的鹽度最容易感到美味，不過人對鹽的味覺會隨著身體狀態而出現很大的落差，比如當體內礦物質不足時，會覺得高濃度的鹽較美味；體內礦物質充足時，即便是低濃度的鹽也會覺得鹹等等。這就是爲什麼無法一概而論地選出「美味的鹽」。

你知道嗎？

標榜「富含礦物質」是騙人的!?

海鹽、岩鹽與湖鹽等，無論哪種鹽，溯其根源都是源自於海水。海水是由各種礦物質構成的液體，所以將其濃縮而成的鹽可說是礦物質的集合體。

儘管鹽的成分會因製法等而大不相同，但主要是由鈉、鎂、鈣與鉀所構成。這些都是人體爲了維持健康必須每天攝取至少100mg的「主要礦物質」。

此外，我曾看過標榜「礦物質豐富」的宣傳文案，似乎是指含有鹽的主要成分「鈉」以外的礦物質。然而，鈉也是不折不扣的礦物質，所以無論哪一種鹽都可聲稱「礦物質豐富」。

儘管如此，考慮到鹽的每日平均攝取量約爲10g，人無法只靠鹽攝取到一日所需的所有礦物質。關鍵在於食用各式各樣的食材並選用合適的鹽。

海水成分的構成比例

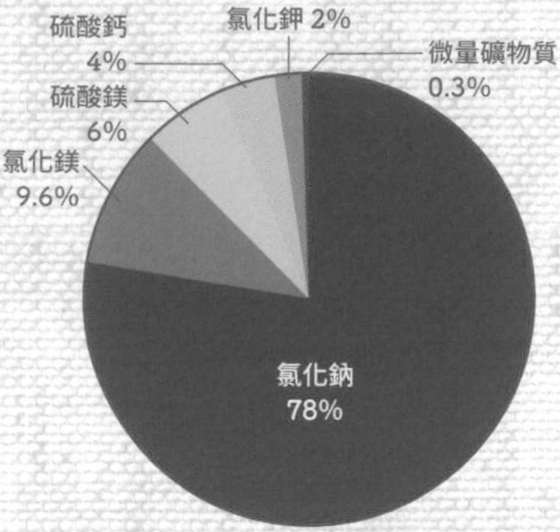

上圖為海水中所含的所有礦物質，形成鹽結晶時，留下的礦物質種類以及多寡會大大左右鹽的風味。

常識！

中國的鹽產量已超越美國，躍居世界第一！

工業也需要用到鹽，因此鹽的消費量必然會隨著工業發達而逐漸增加。美國過去的鹽產量位居全球之冠。然而，中國近年來經濟急遽發展，國內的鹽消費量隨之增加，於是開始運用海水、岩鹽、鹽湖與地下鹽水等豐富的鹽資源，增加國內的鹽產量，自2013年以來便以鹽產量世界第一著稱。

撇開工業用鹽不談，以食用鹽的這層意義來說，各國都強烈傾向於地產地銷，有效活用國內的鹽資源來製鹽。

世界各國的鹽產量

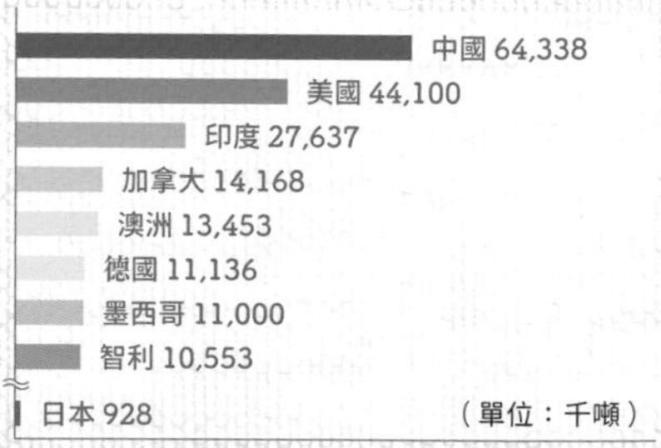

來源：「World Mineral Production2010-2014」

各國所生產的鹽大多屬於岩鹽。因此，擁有岩鹽層的大陸國家皆名列前茅。

常識！

使用於食品上的只有2成，鹽大部分用於工業

日本每年的用鹽量約爲800萬噸。其中用於食品與食品加工的鹽只占約2成多。其餘約7成多的鹽中，一部分是用於製造肥皂與合成橡膠等生活用品、融冰雪用鹽、生理食鹽水等；不過大部分都轉化成氫氧化鈉或碳酸鈉等型態，用於氯生產工業，也會作爲玻璃、塑膠、合成皮革、合成纖維與鋁等各式各樣的基礎素材。雖然化爲肉眼看不見的形態，但若說我們的生活都仰賴鹽的支持也不爲過。

新常識！

最好巧妙地分別運用自然鹽與精製鹽

透過所謂的離子交換膜法從海水單獨提取出鈉成分所產生的鹽稱爲「精製鹽」，以其他製法所產生的鹽則稱爲「自然鹽」或「天然鹽」——日本過去有段期間是這樣來區分的。如今根據日本食用鹽公平交易委員會※1的規章，委員會加盟企業的商品都不再使用「自然鹽」與「天然鹽」等用詞※2。

透過化學方式製成的「精製鹽」往往被視爲劣質品，不過任何鹽都有其最適當的用途。比方說，「自然鹽」也含有鈉以外的其他礦物質，對食材成分發揮作用即可最大限度提引出其鮮味，但是味道會因季節與生產狀況而產生微妙變化；另一方面，「精製鹽」的味道始終如一，烹飪時用於微調最後的鹹度（最終調味鹽），任何時候都能較精準地調出理想的味道。要引出鮮味就用自然鹽，要爲料理鹹度做最後的微調則用精製鹽——像這樣聰明地靈活運用是精進廚藝的捷徑。

※1　由日本業界有志者於2008年成立的團體。約有180家製鹽企業加盟（2016年），目的在於向消費者傳遞正確的資訊，制定並推廣鹽的商品標示規則等。

※2　目前尚無「自然鹽」與「天然鹽」的替代名稱，且基於大眾對這些用詞的認知度較高，本書仍採用歷史上慣用至今的稱呼。

常識！

包裝上未標示也無妨！鹽沒有賞味期限

構成鹽的礦物質爲無機質，不含腐敗菌生存所需的養分。因此鹽沒有消費期限或賞味期限，在日本法律上也被歸類爲可省略標示期限的食品。

然而，鹽具有的特性：防潮性極差，放在潮濕之處就會受潮而結塊，且變得容易吸附氣味。保存時最好遠離潮濕與強烈氣味。

Chef's Interview 1

Al-ché-cciano 奧田政行主廚

只須以好食材配好鹽，即可端出美味料理

料理的美味程度，八成取決於食材與鹽

有一間義式餐廳「Al-ché-cciano」位於日本山形縣鶴岡市，奧田政行主廚是這間餐廳的老闆，持續透過料理來推廣在地食材的魅力。

「我是爲了簡單明瞭地傳達給顧客而選擇以義式料理來呈現，不過推出的其實都是『食材料理』。我認爲僅憑食材與鹽就能決定一道料理的好壞。」

正如他所說，在奧田主廚的店裡，就連套餐也幾乎不會出現使用醬汁的料理。

「雖說只使用鹽，但不單純只有鹹味。食材原有的風味才是主角，而鹽能把食材的美味提引出來。」

正如用鹽搓揉蔬菜可以釋放出內部的

水分，使蔬菜的風味更為濃郁。鹽的角色不僅只是添加鹹味，還有讓食材原味更鮮明的作用。

為什麼鹽具備這樣的力量呢？

「食物也是生物。生物體內含有各式各樣的成分，獨獨不具有礦物質。因此，無論何種生物，都會出於本能地渴求礦物質。在料理方面亦然，若要發揮食材本身的味道，就必須補足礦物質。若志在做出極致單純而美味的料理，只須在好食材上撒好鹽，再選擇水煮、蒸煮或火烤等加熱媒介即可。隨後只須與契合度佳的食材互相搭配，即使沒有醬汁也能創造出豐富的滋味。」

那麼應該選用什麼樣的鹽呢？奧田主廚常備的鹽多達19種，並根據食材與料理分別運用。

「鹽是濃縮滿滿海洋風味的精華。取自不同海域或不同季節，味道都截然迥異。此外，使用的食材所含的成分不同，需求的鹽也不盡相同，所以只要選對了鹽，便可最大限度提引出食材的美味。」

主廚補充道，如果要料理生魚片等鮮魚，使用以該魚類原棲息地的海水所製成的鹽，可讓味道較有整體感；肉類料理則建議選用顆粒不會迅速溶化而味道顯著的岩鹽。除此之外，還包括帶有如「乳製品」或「牡蠣」般獨特香氣的鹽，皆因應用途來選擇。

「想凸顯食材哪一部分的特色，所搭配的鹽也會有所不同。」

作為入門篇，主廚這次為我們推薦了務必優先準備的3種鹽。

・苦味較重的鹽（鎂含量較高的鹽）
・甜味較重的鹽（鈣含量較高的鹽）
・酸味較重的鹽（鉀含量較高的鹽）

除了這幾種，再準備款精製鹽會更好。天然鹽的味道會因為生產時期而出現味道上的差異，所以訣竅是先使用天然鹽提引出食材的優點，最後再以精製鹽來調整味道。

掌握用鹽的訣竅，即可創造出各種味道

那麼接下來就依鹽的類型分別介紹運用的方式。苦味較重的鹽建議用於鯖魚或苦瓜這類帶苦味的食材，或是撒在日式炸雞上。「結合同樣帶苦味的食材，會轉化為另類的層次。」

主廚這次為我們示範製作的「鰤魚佐月之滴鹽」正是這種組合。生的鰤魚切片有一股獨特的苦味，所以搭配鎂含量高而帶苦味的「月之滴鹽」。

主廚表示，帶甜味的鹽與蔬菜的契合度絕佳。「料理入口時，讓人感受到『好吃！』的要素其實是甜味與油脂。蔬菜不

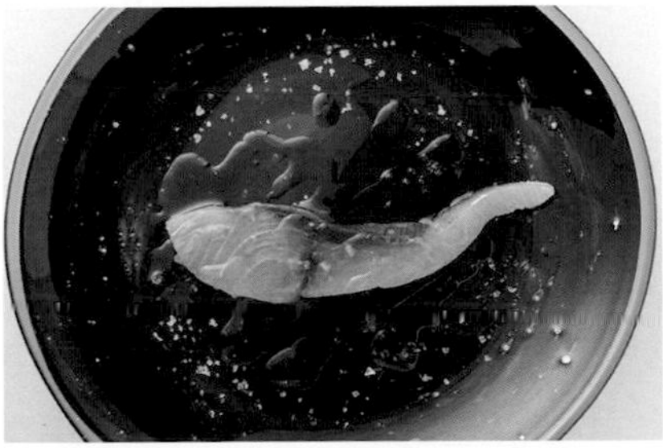

Al-ché-cciano的得意之作「鰤魚佐月之滴鹽」。奧田主廚在店裡使用的各種鹽產品會隨時更新。採訪期間所聽到的有以奧田主廚故鄉庄內濱滿月之夜的海水製成的「月之滴鹽」、適合搭配蔬菜的「馬爾頓鹽」、多用於肉類料理的岩鹽、可產生瑞可塔乳酪風味的「雪鹽」、可享受牡蠣鮮味的「伊達鮮鹽」、萬用的「粟國之鹽 釜炊」、散發土壤香氣的「阿敦之鹽」，以及在自然鹽中十分罕見、全年味道都很穩定且容易促進乳酸發酵的「輪島海鹽」等等。

含油脂，所以適合搭配含脂肪的肉類，不過只要加入帶甜味的鹽，就夠美味了！」

「普羅旺斯生菜沙拉」是奧田主廚的代表作之一，是僅以帶甜味而溫潤的「輪島海鹽」與從蔬菜中滲出的汁液讓多種蔬菜相互交融而成的一道料理。

主廚還說，若以帶酸味的鹽結合魚腹肉等油脂豐腴的部位或赤身肉，則會形成如同油醋醬※般的滋味。

更加深入享受
料理的變化

奧田主廚表示：「正因爲是僅僅以鹽搭配食材的簡單組合，才能創造出無窮的味覺變化。」

「舉例來說，只須再添加少許油，就能創造出新滋味，進而拓展料理的範疇。」

前面介紹到的「鰤魚佐月之滴鹽」，會在上菜前淋上散發青草香氣的橄欖油，最終交織出一股如同水果般的風味，著實不可思議。

不僅如此，主廚還傳授了品嚐方法的訣竅——著眼於鹽會溶於水的特性。

「在烏賊生魚片等帶甜味的食材上撒些酸味強烈的鹽，靜置片刻。如此一來，鹽會溶入從食材釋出的水分，中和甜味與酸味；但如果想分別凸顯出烏賊的甜味與鹽的酸味，就要在撒上鹽後立即享用。」

由此可知，要讓鹽與食材彼此交融亦或形成對比，不同的目的會帶出不同的味道。看來對鹽的認識似乎可以一口氣拓展料理的變化。

※即所謂的法式調味醬。依1：3的比例混合醋與油，並以鹽與胡椒等調味。

「普羅旺斯生菜沙拉」含括小黃瓜、綠番茄、甜椒與蘘荷等7種山形產的蔬菜，僅以鹽拌製而成，是一道充滿蔬菜湯汁而有益身體健康的料理。

奧田政行

出生於山形縣鶴岡市。在累積法式料理與義式料理等修業經驗後，於2000年開店經營「Al-ché-cciano」。提供生產者資訊透明化的料理，還被山形縣庄內地方行政機關任命為「食之都庄內」親善大使，也是義大利慢食協會評選為「世界料理人1000人」的其中一人。上方照片中僅用鹽製成的這道料理，在米蘭所舉辦的蔬菜料理錦標賽「The Vegetarian Chance」中獲得第三名。在日本國內外都十分活躍。http://www.alchecciano.com/

Shop Data

Al-ché-cciano

地址：山形県鶴岡市山添一里塚83

TEL：0235-78-7230　公休日：週一

YAMAGATA San-Dan-Delo

地址：東京都中央区銀座1-5-10 ギンザファーストファイブビル山形県アンテナショップ「おいしい山形プラザ」2F

TEL：03-5250-1755　公休日：週一與新年期間

Part 2

愈了解愈明白其豐富特色的
海鹽與藻鹽

海鹽是以海水爲原料，產自世界各國與日本各地的沿岸地區。
乍看之下並無差別的白色結晶，卻會因爲汲取海水的區域
或製造方法的不同而帶有截然迥異的風味。
只要學會享受這些差異，你也可以成爲出色的鹽專家！
還會一併介紹日本自古以來無人不曉的藻鹽。

海鹽

以海水爲原料，日本數量最多的鹽

以海水爲原料所產出的鹽即稱爲「海鹽」。海水的鹽度不一，大約落在3.4%左右，製鹽便是透過各種方式將其濃縮至20～30%並形成結晶（p.14～19）。海鹽產自世界各地的沿岸地區，約占整體鹽產量的3成。在如澳洲等國般擁有廣大土地且降雨量少的地區，大多是在戶外鹽田生產僅憑藉陽光與風力使海水形成結晶的純天日鹽；像日本這種土地狹窄且降雨量高的地區，則大多以利用火力的釜炊法來製鹽。

構成海水的礦物質比例幾乎是恆定的，不過還是有營養稀少的暖流與營養豐富的寒流之分。取水點周邊的環境有什麼？取水地點是河口附近還是海上？是表層水還是深層水？周遭環境與取水地點等因素都會使海鹽的味道產生差異。不僅如此，不同的製法也

「濱比嘉鹽」（p.99）的取水點。
位於沖繩縣中部濱比嘉島的海濱。

會改變鹽成品裡所含的礦物質比例，大幅影響成品風味。

一般來說，海鹽會含有比岩鹽與湖鹽更多的鹽滷水，所以通常鈉以外的礦物質（尤其是鎂）含量會偏高，而且受到鹽滷水的影響，有些海鹽的成品較爲濕潤。不同的製法會產出各具特色的結晶，不僅有立方體，還有片狀、金字塔狀與粉末狀等，這也是海鹽的魅力之一。

check! 挑選海鹽的重點

□ 海水汲取自什麼樣的海域？

❶取水區的海流會大幅改變味道！

海水若是汲取自暖流，製成的海鹽味道往往較為清爽；若汲取自寒流，則味道較為濃厚，而在寒暖流交會處的海水則往往會形成味道均衡的海鹽。

❷周遭環境會影響礦物質比例！

如果附近有山地且在河口取水，會製造出含有山地礦物質的鹽；如果在海藻大量繁殖之處取水，會產出海潮香味強烈的鹽；如果是在珊瑚礁較多的地區取水，則往往會產出鈣含量高而甜味強烈的鹽。

□ 採用什麼樣的製法？

❶感受生產者的想法！

是要低成本大量生產，好讓更多人買得到？還是要投注人力與時間，即使少量也要不疾不徐地生產？從製法中最能展現生產者的想法。

❷觀察製法即可想像風味

以火力炊煮製成的鹽，結晶的顆粒較細而蓬鬆；透過日晒製成的鹽，結晶的顆粒往往較大且偏硬。此外，各種礦物質形成結晶的濃度各異，所以在哪個鹽度採收結晶也會左右成品的風味。

□ 依顆粒含水量與形狀分別運用

❶含水量＝鹽滷水量

採收結晶後花多少時間濾掉鹽滷水會改變鹽的含水量。鹽滷水含量高的鹽較為濕潤，鈉含量比例會降低，苦味與層次則相對增強。

❷鹹度會因顆粒形狀而異

海鹽的顆粒形狀取決於結晶方式。若煮滾沸騰使海水流動，會形成顆粒較細的立方體或凝聚狀結晶；若在較低溫度下慢慢結晶，則會形成片狀或金字塔狀。顆粒較細的鹽會入口即化，鹹味較為強烈；顆粒較大的鹽則不易溶解，鹹味往往較為溼潤。

Sea salt World Map 世界各地

暖流
寒流
薩丁尼亞島海鹽
粗鹽
→P.36
切爾維亞海鹽
切爾維亞海鹽
→P.35
宮廷鹽
→P.43
古都尼恩的天日鹽
鹽之花
→P.38
水晶鹽
→P.42
以色列
紅海之鹽
→P.42
馬爾他
片狀海鹽
→P.41
慶和之鹽
石窯烤鹽
→P.40
莫蒂亞
無精製細鹽
→P.35
賽普勒斯
白鹽片
→P.34
平豪村海鹽
→P.41
印度洋海鹽
→P.44
戴爾他薩爾
細海鹽
→P.38
馬都拉島
海鹽
→P.41
歐洲放大圖
給宏德
極細海鹽
→P.32
馬爾頓 天然海鹽
→P.34
金字塔鹽
→P.39
努瓦爾穆捷
細海鹽
→P.32
皮蘭海鹽
鹽之花
→P.37
峇里島艾眉海鹽
→P.40
雷島
鹽之花
→P.33
卡馬格
鹽之花
→P.33
貝羅 海鹽
→P.35
阿爾加維高級海鹽
→P.36
葡萄牙天日鹽
→P.38

海鹽

海鹽產自世界各地的沿岸地區。從大三角錐狀乃至粉末狀，從含水量高而濕潤的乃至質地乾燥的，特色著實豐富。

澳洲等國沿岸地區平坦、廣闊且降雨量少的地區，通常是利用鹽田來生產天日鹽，其他地區則多以鍋釜加熱來製鹽。許多國家生產的海鹽原則上都是地產地銷，有不少海鹽並未出口至日本。

遵循延續千年的古法所製成的鹽

給宏德 極細海鹽

法國

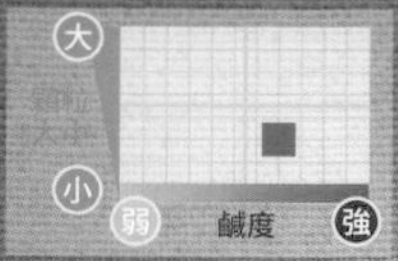

原產地 法國

這款鹽是在國家自然保護區中，承繼已延續逾千年的製法，由擁有國家認證資格的專業製鹽師所生產的純天日鹽。未經過洗淨程序，所以受到土壤、浮游生物與礦物質的影響而顏色偏灰，還帶有土壤風味。為法國有機農業推廣團體認證的海鹽。

TASTE! 帶有溫潤的鹹味、微微的酸味、堇花的香氣、苦味

建議搭配的食材&料理 奶油香煎根莖類料理、使用可可粉與鮮奶製成的點心

DATA

形　狀	凝聚狀
含水量	濕潤
製　程	天日／粉碎
原　料	海水
鹽含量	94.4g
鈉含量	37.1g

價格／600g包裝 800日圓
AQUAMER股份有限公司
神奈川県三浦郡
葉山町堀内751-23
tel.046-877-5051
http://aquamer.co.jp

法式料理界大師鍾愛的純天日鹽

努瓦爾穆捷 細海鹽

法國

這款純天日鹽產自漂浮於大西洋的努瓦爾穆捷島。製法同「給宏德」，呈淡灰色。利用涼爽的氣候，投注時間使其形成結晶。鎂含量高，所以形成獨特的風味。是法式料理界大師艾倫·杜卡斯（Alain Ducasse）愛用的海鹽。

TASTE! 帶有無比溫潤的鹹味、淡淡的土味與海潮味、甜味

建議搭配的食材&料理 牛蒡等根莖類蔬菜、香煎白身魚

原產地 法國

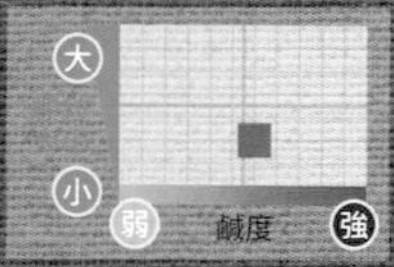

DATA

形　狀	凝聚狀
含水量	濕潤
製　程	天日
原　料	海水
鹽含量	（88.6g）
鈉含量	34.9g

價格／500g包裝 700日圓
健菜股份有限公司
東京都渋谷区初台1-47-1
tel.03-5302-8160
http://kensai.co.jp/

法國4大

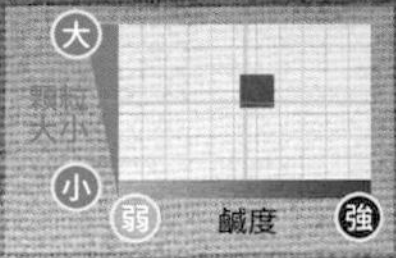

原產地 法國

風味細膩的法國「夢幻海鹽」

雷島 鹽之花

法國

雷島以歐洲屈指可數的渡假勝地而聞名，是從12世紀初就開始持續製鹽的名產地之一。憑藉陽光與風力使引進鹽田裡的海水形成結晶，再由製鹽師手工採收。在雷島品牌中，這款鹽是只採收「鹽之花」的最高級產品。含在嘴裡，會有一股海潮香味撲鼻。

TASTE!	帶有暢快爽口的鮮味與酸味、海潮香味
建議搭配的食材&料理	生白身魚薄切片

DATA

形　狀	凝聚狀
含水量	濕潤
製　程	天日
原　料	海水
鹽含量	
鈉含量	39.5g

價格／70g包裝 900日圓
Omnisens股份有限公司
東京都港区南麻布
2-10-10-702
tel.03-6453-7688
http://mcocotte.jp/

手工採收，充滿陽光與海風之味

卡馬格 鹽之花

法國

在南法卡馬格地區，有片面積達約10萬公頃的廣闊濕原。自古羅馬時期以來的鹽田，從以前便引入地中海海水並持續製鹽至今。這款鹽的結晶爲純白色，是法國產的海鹽中，味道最濃郁且強勁的。特色在於帶有充分曝晒陽光的純天日鹽特有的酸味。

TASTE!	帶有濃郁的鮮味與甜味、可形容為陽光香氣的酸味
建議搭配的食材&料理	番茄等帶酸味的蔬菜、生白身魚薄切片

原產地 法國

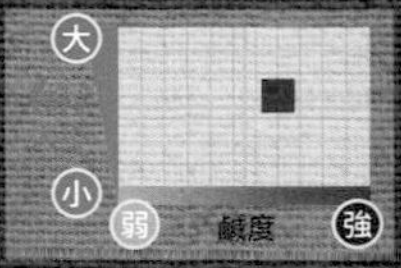

DATA

形　狀	凝聚狀
含水量	濕潤
製　程	天日
原　料	海水
鹽含量	
鈉含量	

價格／125g包裝 1100日圓
Arcane股份有限公司
東京都中央区
日本橋蛎殼町1-5-6
tel.0120-852-920
http://www.arcane-jp.com/

海鹽

鹽產地的鹽

英國皇室御用的傳統海鹽

馬爾頓 天然海鹽

英國

這款鹽呈美麗金字塔型的結晶與呈薄板狀的薄片十分吸睛，是在國外較爲罕見的釜炊鹽。這種製法使用的是獨家平鍋，且以手工悉心採集結晶，已在艾塞克斯郡的老店「奧斯本家族（Osborne）」傳承了兩百多年。於2012年獲得代表英國王室御用的「皇家認證」稱號。也有不少廚師以此鹽作爲最終調味鹽，在料理上桌前使用。

原產地 英國

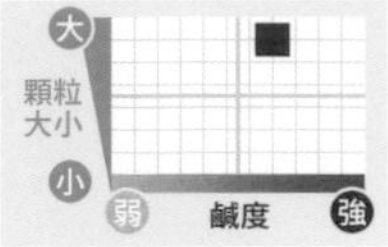

DATA

		形　狀	金字塔狀
		含水量	乾燥
鹽含量	99.0g	製　程	平鍋／乾燥
鈉含量	39.0g	原　料	海水

TASTE!

帶有適度的苦味、口感鬆脆

建議搭配的食材&料理

燒烤或香煎等帶有焦香味的肉類料理

價格／125g包裝 430日圓
鈴商 股份有限公司
東京都新宿区荒木町23
tel.03-3225-1161
http://www.suzusho.co.jp/

產自地中海的美麗金字塔結晶

賽普勒斯白鹽片

賽普勒斯

這款純天日鹽的產地漂浮於地中海，就是以美之女神愛芙羅黛蒂的誕生地而聞名的賽普勒斯島。將海水引進鹽田後，不斷調整濃度使其結晶，藉此形成美麗金字塔狀的海鹽。此外，結晶薄而細緻，手指一壓就碎，因此可以享受酥脆的口感。直接隨餐附上，即可交織出一道華麗的料理。

原產地 賽普勒斯

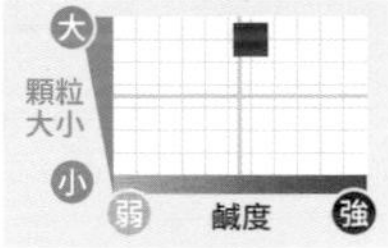

DATA

		形　狀	金字塔狀
		含水量	乾燥
鹽含量	97.0g	製　程	天日
鈉含量	38.2g	原　料	海水

TASTE!

鹹度恰到好處、苦味較少。具透明感與鬆脆口感

建議搭配的食材&料理

炙燒生雞肉片、油煎白身魚

價格／28g包裝 676日圓
APA&IDEA股份有限公司
東京都文京区水道 2-11-10
大都ビル 2F
tel.03-5319-4455
http://www.apidea.co.jp/

羅馬教宗熱愛的甘味鹽

切爾維亞海鹽
切爾維亞海鹽

義大利

這款純天日鹽產自北義大利自古羅馬時期以來就是「鹽城」的切爾維亞。義大利國內的陽光與氣候較爲和煦，須投注時間進行海水的濃縮與結晶。這款鹽只採集「鹽之花」，亦有「Sale di dolce（甘味鹽）」之稱，過去曾進獻給羅馬教宗。

TASTE! 礦物質感強烈，甜味與鮮味濃郁

建議搭配的食材&料理 赤身肉與赤身魚、番茄等味道濃郁的蔬菜

原產地 義大利

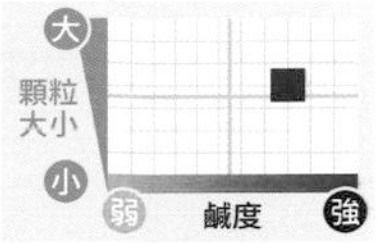

DATA

鹽含量 98.0g

鈉含量 ——

形　狀 立方體

含水量 濕潤

製　程 天日／洗淨／乾燥

原　料 海水

價格／290g包裝 400日圓

ARC股份有限公司

東京都中央区

日本橋小伝馬町4-2

tel.03-5643-6444

http://www.ark-co.jp/

可謂「老字號」。採用自古傳承的傳統製法

莫蒂亞 無精製細鹽

義大利

這款純天日鹽產自以鹽產地著稱、西西里最西側的港都特拉帕尼。據說是由古代腓尼基人傳入的傳統製鹽法一直承繼至今。沐浴在燦爛陽光下所產生的酸味爲這款鹽的特色，是整體風味暢快的海鹽。

TASTE! 特色在於淡淡酸味與銳利鹹味。爽口而餘韻短暫

建議搭配的食材&料理 生的白身魚。用於肉類料理可減輕油膩感

原產地 義大利

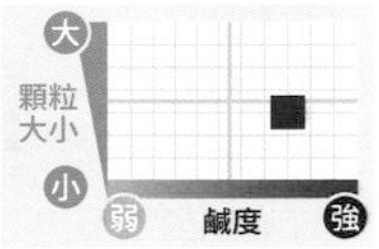

DATA

鹽含量 ——

鈉含量 ——

形　狀 粉碎狀

含水量 乾燥

製　程 天日／粉碎

原　料 海水

價格／1000g包裝 待定價格

Monte物產股份有限公司

東京都渋谷区神宮前5-52-2

tel.0120-348566

http://www.montebussan.co.jp/

推薦於日常使用的地中海天日鹽

貝羅 海鹽

法國

這款純天日鹽產自卡馬格地區艾格莫爾特的廣大鹽田。經過粉碎處理，乾燥而便於日常使用。鈉含量比例較高，但鹹味沒那麼強烈，最後會留下些微甜味，不過餘韻淡薄且短暫。成品價格實惠，推薦於日常生活中使用。

TASTE! 鹹味溫潤，餘韻短暫

建議搭配的食材&料理 清淡的蔬菜、白飯等味道餘韻較為短暫的食材

原產地 法國

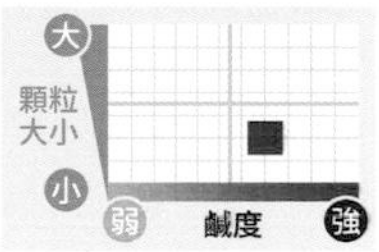

DATA

鹽含量 99.8g

鈉含量 39.3g

形　狀 粉碎狀

含水量 乾燥

製　程 天日／粉碎

原　料 海水

價格／600g包裝 300日圓

over seas股份有限公司

東京都世田谷区代田5-11-10

tel.03-5430-6080

http://overseas-inc.jp/

灑落在地中海上的陽光氣味

薩丁尼亞島海鹽

義大利

粗鹽

成堆的鹽山。

這款純天日鹽產自義大利的離島薩丁尼亞島，是將海水引進鹽田，透過天日法使其濃縮並結晶。利用流水洗除雜質後，會以220℃高溫烘烤、粉碎，所以混合了各種大小不一的結晶，可以享受硬脆的口感。整體的結晶偏大，所以一開始的口感較爲溫潤，隨著結晶逐漸溶解，便可感受到扎實的鹹味與苦味。

原產地 義大利

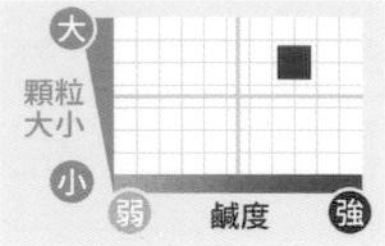

DATA

		形　狀	粉碎狀
		含水量	乾燥
鹽含量	99.6g	製程	天日／洗淨／烘烤／粉碎
鈉含量	39.2g	原　料	海水

TASTE!

口感溫和，但帶有深邃鹹味與令人上癮的苦味。最後舌頭上會殘留鮮味

建議搭配的食材&料理

油脂較多的豬肉、炸物

價格／300g包裝 450日圓

APA&IDEA股份有限公司

東京都文京区水道 2-11-10
大都ビル 2F
tel.03-5319-4455
http://www.apidea.co.jp/

以羅馬時期的製鹽法濃縮海水鮮味

阿爾加維高級海鹽

葡萄牙

正在撈取結晶的Marnoto。

此鹽品恢復採用了葡萄牙的鹽田製法，雖然曾因機械生產的衝擊而一度瀕臨失傳。嚴守著農藥與放射性物質等相關的嚴格標準，由在葡萄牙稱作「Marnoto」的製鹽師來製造純天日鹽。這款鹽只採集「鹽之花」而十分稀少，曾獲得慢食協會獎與葡萄牙農業獎。已通過「Nature＆Progrès」（法國有機農業推廣團體認證）。

原產地 葡萄牙

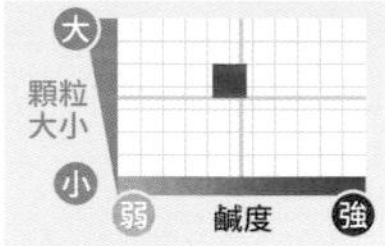

DATA

		形　狀	凝聚狀
		含水量	濕潤
鹽含量	89.0g	製　程	天日
鈉含量	35.1g	原　料	海水

TASTE!

帶有濃郁的鮮味與酸味、微微的苦味。鮮味的餘韻較長

建議搭配的食材&料理

使用白身魚製成的料理、香煎雞肉、麵包配橄欖油

價格／150g包裝 2000日圓

Mercado Portugal 股份有限公司

神奈川県鎌倉市笹目町4-6
tel.0467-24-7975
http://www.m-portugal.jp/

以濃郁鮮味著稱，產自斯洛維尼亞的藝術品

斯洛維尼亞

皮蘭海鹽 鹽之花

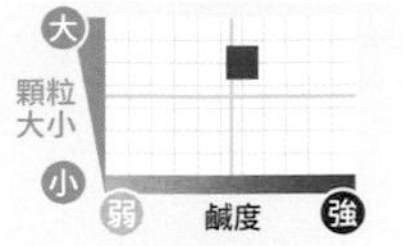

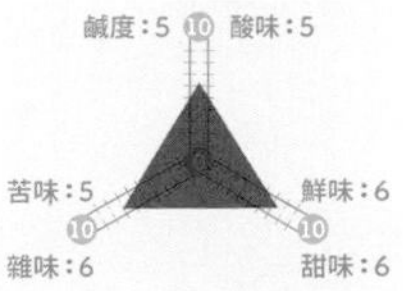

DATA

鹽含量	——
鈉含量	37～39g
鉀含量	——
鎂含量	300～400mg
鈣含量	50～60mg
形　狀	片狀
含水量	濕潤
製　程	天日
原　料	海水

原產地
斯洛維尼亞

TASTE!

帶有恰到好處的鹹味、礦物質比例均衡且濃郁的鮮味，可增添食材的鮮味

建議搭配的食材&料理

想為食材增添鮮味時使用。牛肉與油脂較多的豬肉。拌入食用油的生菜。直接作為下酒佐料

這座鹽田位於獲得拉姆薩爾公約認證且自然景觀豐富的國家公園境內。

價格／70g包裝 1400日圓
鹽崎建設股份有限公司
東京都千代田区平河町2-7-1
tel.03-3222-8800
http://www.piranske.com/

這款純天日鹽產自面向斯洛維尼亞西南方的亞得里亞海、皮蘭地區的瑟切烏列鹽田。從歷史層面來看，該鹽田十分珍貴，坐落於號稱最佳製鹽環境的斯洛維尼亞國家公園境內。在維護周遭環境的同時，嚴守著該地區流傳下來的傳統製法，幾乎所有製程都以手工進行。

亞得里亞海海流的流向規律，使海水維持清澈而不混濁。此外，稱作「Petra」的鹽田是由海泥長年沉積凝結而成，會發揮過濾作用去除雜質，從而產出如同藝術品般潔白的結晶。這款海鹽十分特殊，必須輕柔地撈取「鹽之花」，據說它只會在盛夏晴朗無風的日子形成。鮮味濃郁，鹽溶化後的餘韻也較長。可在想為食材增添鮮味時使用。

來自清澈而美麗的海洋之贈禮

克羅埃西亞

古都尼恩的天日鹽 鹽之花

古都尼恩是中世紀克羅埃西亞王國的發祥地，昔日曾因產鹽而繁榮一時。這款鹽便是利用傳統鹽田生產的純天日鹽，只有在符合有限氣候條件的情況下才能產出，所以不到鹽總產量的0.1%，是採集量極少的珍貴海鹽。帶有濃郁鮮味。

TASTE! 帶有強烈的鮮味與偏硬的礦物質感

建議搭配的食材&料理 白身魚、白菜等水分多的蔬菜

原產地 克羅埃西亞

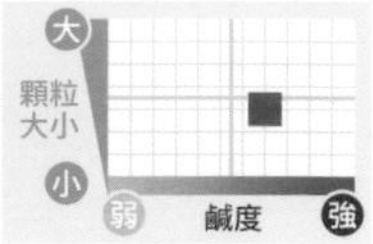

DATA

鹽含量	（92.9g）
鈉含量	36.6g

形　狀	凝聚狀
含水量	濕潤
製　程	天日
原　料	海水

價格／100g包裝 1100日圓

M'&Y SAN股份有限公司

東京都港区海岸2-1-5

tel.03-5419-8305

適合於日常使用的純天日鹽

西班牙

戴爾他薩爾 細海鹽

這款純天日鹽的產地，是位於巴塞隆納沿海地區的國家公園境內的鹽田。由製鹽師手工採收的鹽會先堆放在採鹽廠，經過粉碎製程後才會包裝出貨。帶有強烈而直接的鹹味，餘味乾淨沒有雜味，是口感暢快的海鹽。

TASTE! 帶有直接的鹹味、淡淡的酸味

建議搭配的食材&料理 天婦羅與炸豬排等炸物、油脂較多的牛肉

原產地 西班牙

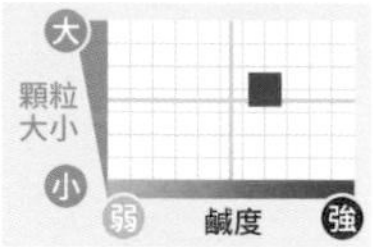

DATA

鹽含量	99.0g
鈉含量	39.0g

形　狀	粉碎狀
含水量	乾燥
製　程	天日／粉碎
原　料	海水

價格／500g包裝 300日圓

WING ACE股份有限公司

東京都港区虎ノ門3-18-19

虎ノ門マリンビル5F

tel.03-5404-7533

http://wingace.jp/j/index.php

產自古老鹽田的鹽之花

葡萄牙

葡萄牙天日鹽

葡萄牙港都阿威羅也是頗負盛名的高級餐具產地。在濕地地帶有鹽田廣布，生產著純天日鹽，這款鹽便是從中單獨採收「鹽之花」匯集而成。昔日曾是遠近馳名的鹽產地，但如今鹽田已所剩無幾。目前正在推動鹽田保育計畫。

TASTE! 鮮味與甜味漸漸釋出並滲入舌尖

建議搭配的食材&料理 豬肉料理，尤其是用在油脂較多的部位，可凸顯肉的甜味

原產地 葡萄牙

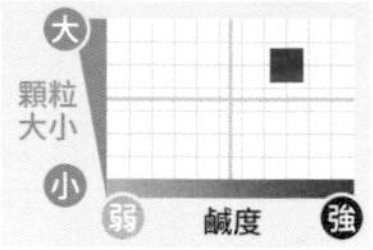

DATA

鹽含量	——
鈉含量	——

形　狀	凝聚狀
含水量	標準
製　程	天日
原　料	海水

價格／1kg包裝 800日圓

HS Corporation

股份有限公司

愛知県豊明市新栄町2-20

tel.0562-97-0888

由峇里島的職人一粒粒培育而成的海洋寶石

金字塔鹽

印尼

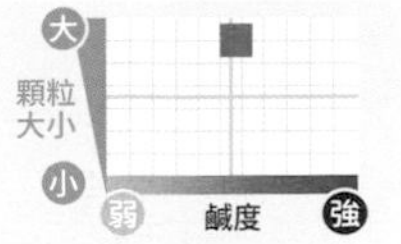

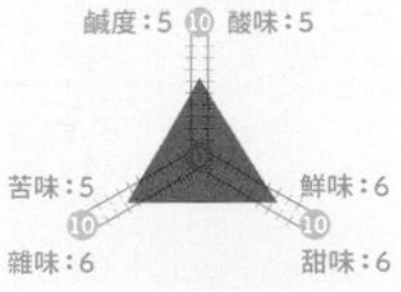

DATA

鹽含量	94.3g
鈉含量	37.1g
鉀含量	130mg
鎂含量	290mg
鈣含量	280mg

原產地
印尼

形　狀　金字塔狀
含水量　乾燥

製　程　天日
原　料　海水

TASTE!

剛開始覺得甜，隨著溶解而感受到恰到好處的鹹味。特色在於硬脆的口感

建議搭配的食材&料理

天婦羅等炸物、牛肉料理

使用以當地木材打造而成的船型木箱來製鹽。

價格／40g包裝 550日圓
ochiai.com有限公司
静岡県富士市横割6-1-12
tel.0545-30-8835
http://www.77ochiai.com/

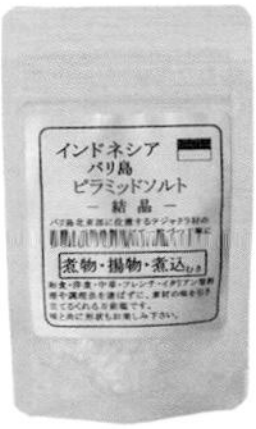

這款純天日鹽是利用傳統的揚濱式鹽田來濃縮印尼峇里島的美麗海水，隨後再透過天日法使其逐漸濃縮並形成結晶。最大特色在於中央空心的美麗金字塔型結晶。這並非人工塑形，而是借助重力，在適當的溫度與濕度中，投注時間不疾不徐地培育，便自然而然地創造出這種美麗的形狀。

與其他金字塔型的鹽相比之下，這種鹽的結晶較厚，顆粒大小較一致，不會過大。硬脆的口感、溫和的鹹味，以及乾淨無雜味的風味，能進一步襯托出食材本身的味道。漂亮金字塔型所呈現的視覺效果也華麗不已。建議作爲宴客料理的最終調味鹽，用手指稍微碾碎後輕撒少許在料理上，或是直接隨餐附上。

散發海潮香味且別具野味的鹽

峇里島艾眉海鹽

印尼

原產地 印尼

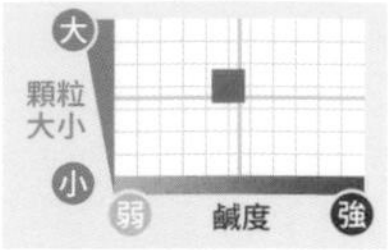

船型木桶。

這款純天日鹽產自峇里島最高峰阿貢火山山腳下，是一大片的揚濱式鹽田。將在鹽田裡完成濃縮的海水，倒入以棕櫚樹製成的船型木桶中，僅憑藉陽光與風力使其濃縮並結晶，隨後花一整年慢慢地熟成。染上淡淡灰色的海鹽帶有強烈的礦物質感，充滿野性的雜味與海鮮類簡直絕配。在嘴裡溶解時，可以感受到淡淡的海潮香味。

DATA

		形　狀	凝聚狀
		含水量	濕潤
鹽含量	91.6g	製　程	天日
鈉含量	36.0g	原　料	海水

TASTE!

帶有複雜的礦物質感，溶化時會散發出海潮香味

建議搭配的食材&料理

香煎魚類、生魚片或是礦物質感強烈的白葡萄酒

價格／100g包裝 298日圓
Prompt有限公司
茨城県龍ヶ崎市城ノ内3-17-3
tel.0297-64-3030
http://www.bali-sio.com/

以石窯烘烤而口感溫潤的鹽

慶和之鹽 石窯烤鹽

越南

原產地 越南

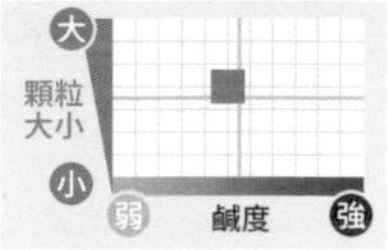

以石窯烘烤。

在越南慶和省的Honkhoi村是從法國殖民時期延續至今的知名鹽產地。當許多鹽田循序漸進地推動機械化，此地仍在專門的天日鹽田中製鹽。值得關注的是加工製程——先利用石臼研磨顆粒較大的天日鹽，磨碎後再放入最高溫度達600℃的石窯中烘烤3天。透過這道程序產出不易受潮而便於運用的乾燥海鹽。

DATA

		形　狀	粉碎狀
		含水量	乾燥
鹽含量	90.4g	製程	天日／粉碎／高溫烘烤
鈉含量	35.6g	原　料	海水

TASTE!

帶有溫和圓潤的鹹味與甜味。可感受到鐵等淡淡的金屬味

建議搭配的食材&料理

水煮蛋、赤身魚的生魚片、牛肉等。適合鈣與鐵含量高的食材

價格／100g包裝 280日圓
慶和之鹽 有限公司
東京都福生市
武蔵野台1-19-7
tel.042-553-7655
http://www.shio-ya.com

產自古時至今的石灰石鹽田之稀少海鹽

馬爾他 片狀海鹽

馬爾他

馬爾他的哥佐島自然景觀豐饒。這款純天日鹽是在自羅馬時期延續下來的石灰石鹽田中，耗費一整年製造而成。只採集成形結晶最上方的片狀「鹽之花」，裝進馬爾他製的陶器包裝出貨以防止結晶破裂。帶有鬆脆的口感與苦味較少的純淨滋味。

TASTE! 銳利的鹹味之後，會有股微微的苦味。餘味乾淨

建議搭配的食材&料理 炸物、豆腐配橄欖油

原產地 馬爾他

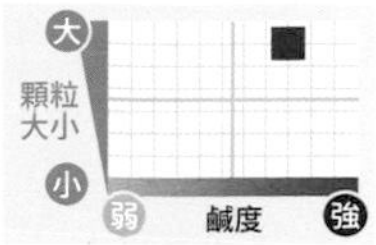

DATA

鹽含量	——
鈉含量	——

形　狀	片狀
含水量	乾燥
製　程	天日
原　料	海水

價格／65g包裝 1600日圓
ASWOT股份有限公司
東京都中野区沼袋4-17-6
tel.03-6310-1165
http://maltaste.com/

產自大理石鹽田、富層次感的海鹽

平豪村海鹽

越南

這款純天日鹽產自越南著名鹽產地之一、位於平順省的小村莊。將海水引入鋪滿大理石的鹽田中，使海水在多座鹽田間流動，憑藉陽光與風力加以濃縮與結晶。富層次感，整體味道溫和而圓潤。

TASTE! 鹹味溫潤，帶有甜味與鮮味

建議搭配的食材&料理 加熱後會變甜的洋蔥等根莖類蔬菜、鹽飯糰

原產地 越南

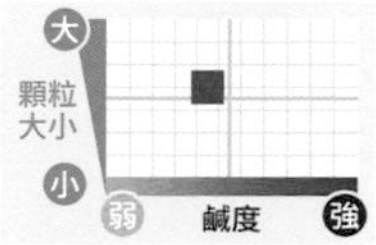

DATA

鹽含量	64.1g
鈉含量	25.2g

形　狀	粉碎狀
含水量	標準
製　程	天日／粉碎
原　料	海水

價格／100g包裝 330日圓
ochiai.com有限公司
静岡県富士市横割6-1-12
tel.0545-30-8835
http://www.77ochiai.com/

海洋深層水的鮮味會逐漸滲出

馬都拉島海鹽

印尼

馬都拉島所面向的海流屬於海洋深層水中往上升的湧升流，這款鹽便是將這些海水引進入濱式鹽田中加以濃縮，再利用平鍋炊煮成結晶。該鹽田還通過ISO9002認證，屬於政府的環境保護地區。鮮味濃郁，用來爲食材增添層次感再適合不過。

TASTE! 帶有濃郁的鮮味與甜味，最後會感受到苦味

建議搭配的食材&料理 加熱後會變甜的紅蘿蔔與洋蔥等根莖類蔬菜

原產地 印尼

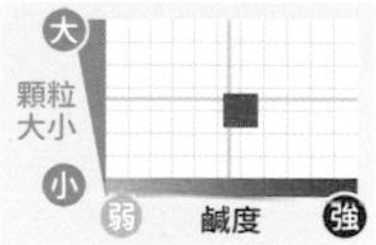

DATA

鹽含量	96.6g
鈉含量	38.1g

形　狀	凝聚狀
含水量	標準
製　程	天日／平鍋
原　料	海水

價格／100g包裝 330日圓
ochiai.com有限公司
静岡県富士市横割6-1-12
tel.0545-30-8835
http://www.77ochiai.com/

充滿如高湯般的鮮味

以色列 紅海之鹽

以色列

有鮮豔魚群悠游的紅海。

紅海的四周陸地環繞，且無河川流入，據說是世界上鹽度最高的海域，這款純天日鹽便是將紅海的海水引進鹽田，僅憑藉大自然的力量，以幾乎純手工作業來加以濃縮與結晶。會經過洗淨程序，所以鈉含量比例較高，不過鹹味並不強烈，可感受到如高湯般濃郁的鮮味。建議搭配牛肉等味道較重的食材，或是想爲食材增添鮮味時使用。

原產地 以色列

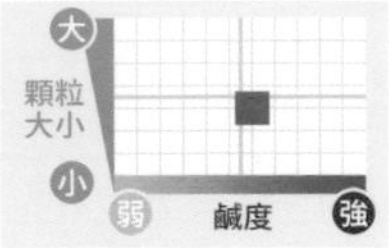

DATA

		形　狀	立方體
		含水量	乾燥
鹽含量	99.8g	製　程	天日／洗淨
鈉含量	（39.2g）	原　料	海水

TASTE!

鹹味溫潤。帶有濃郁的鮮味與苦味，餘韻較長

建議搭配的食材&料理

牛肉、淺漬蔬菜、鹽飯糰、炸物

價格／100g包裝 240日圓

NPO法人 AGAPE HOUSE

北海道札幌市中央区

南5東3-14-7

tel.011-561-0180

http://agapehousenpo.web.fc2.com/

海鹽

曾進獻給中國皇帝的逸品

水晶鹽

中國

這款純天日鹽產自於中國蘇北地區連雲港的鹽田。據說昔日是專爲進獻給皇帝而生產的寶貴貢品，不會在市面上流通。在湧升流的所在海域，有深層水從海底700m處噴起，當地將這些海水引進鹽田，並於短時間內完成濃縮與結晶，之後經過一整年的熟成才會包裝出貨。極其顯著的鮮味以及颯爽的酸味別具特色。

原產地 中國

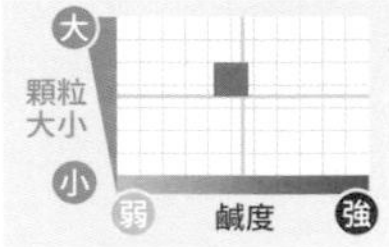

DATA

		形　狀	粉碎狀
		含水量	乾燥
鹽含量	（88.6g）	製　程	天日
鈉含量	34.9g	原　料	海水

TASTE!

帶有礦物質感，濃郁的鮮味之後，會有股酸味擴散開來

建議搭配的食材&料理

鮪魚或鰹魚等赤身魚、香煎或燒烤肉類、新鮮乳酪

價格／200g包裝 800日圓

東昌調味品工業有限公司

愛知県名古屋市中区

千代田2-19-7

052-269-4883

罕見陶瓷製鹽田所產出的鹽

宮廷鹽

中國

福建省惠安縣處處遍布玄武岩，這款純天日鹽便是取該地海水製作而成。當地採取的製法與眾不同——在鋪滿陶瓷的特殊鹽田中頻繁攪拌，使海水濃縮並結晶。採收後會靜置1年，讓味道熟成後才包裝出貨。

TASTE! 較強烈的鹹味之後，會有股如草藥般的苦味

建議搭配的食材&料理 帶有焦痕的豬肉料理、帶苦味的野菜等蔬菜天婦羅

原產地 中國

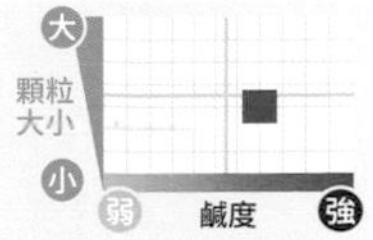

DATA

鹽含量 89.6g

鈉含量 35.3g

形　狀 粉碎狀
含水量 標準
製　程 天日
原　料 海水

價格／100g包裝 410日圓
ochiai.com有限公司
静岡県富士市横割6-1-12
tel.0545-30-8835
http://www.77ochiai.com/

以800～1200°C的高溫烘烤而成

Qipower海鹽

韓國

韓國自古以來相傳烤鹽有益健康，這款鹽便是著眼於其製法，並透過獨家專利技術「高溫烘烤法」，以採收自韓國鹽田的純天日鹽烘烤而成。顆粒在高溫的作用下也變得極細。據說還具備高度的氧化還原力，可發揮消除氧化的作用。

TASTE! 有股獨特的硫磺味撲鼻

建議搭配的食材&料理 雞蛋與蘆筍等含硫磺味的食材

原產地 韓國

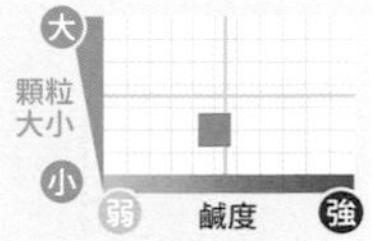

DATA

鹽含量 92.2g

鈉含量 36.3g

形　狀 粉末狀
含水量 乾燥
製　程 高溫烘烤
原　料 天日鹽

價格／250g包裝 1500日圓
Qipower股份有限公司
東京都目黒区中目黒5-2-27
tel.03-6871-9955
http://www.qipower.co.jp/

UNESCO指定的豐富自然資源鹽田

全羅南道海鹽

韓國

這款純天日鹽產自全羅南道新安郡，為韓國首屈一指的大規模鹽田。新安郡的潮間帶泥灘與鹽田，於2009年被聯合國教科文組織（UNESCO）指定為生物圈保護區。這種鹽的質地濕潤，顆粒大且帶有堅硬粗糙的口感，所以適合用來增添炸物的層次感。

TASTE! 特色在於較強烈的鹹味與苦味。餘味清爽

建議搭配的食材&料理 炸豬排或可樂餅等炸物。為了長期保存的醃漬物

原產地 韓國

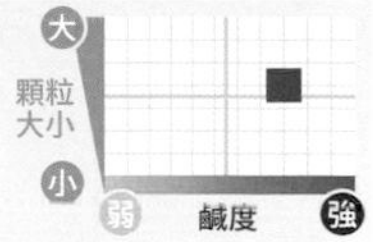

DATA

鹽含量 90.1g

鈉含量 35.5g

形　狀 立方體
含水量 濕潤
製　程 天日／溶解／平鍋
原　料 海水

價格／100g 330日圓
ochiai.com有限公司
静岡県富士市横割6-1-12
tel.0545-30-8835
http://www.77ochiai.com/

帶有溫潤鮮味的熟成鹽

越後安塚 雪室鹽

菲律賓

在菲律賓的邦阿西楠省一個意指「鹽之國」的小鎮，這款鹽是讓該地所產的純天日鹽先經過1年的熟成，進口至新潟縣上越市後，再靜置熟成數年才包裝出貨。由於越後的氣候潮濕多雪，會讓鹽反覆溶解並再次結晶，形成鮮味溫和而圓潤的鹽。

TASTE! 鮮味如上等高湯般扎實，餘味暢快

建議搭配的食材&料理 清湯、生或蒸的白身魚、所有和食、蒸豬肉

原產地 菲律賓

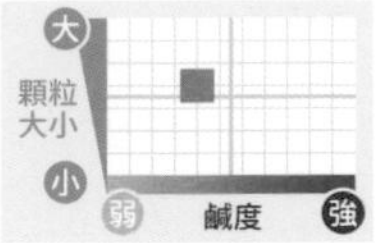

DATA

鹽含量 81.0g

鈉含量 (31.8g)

形　狀 凝聚狀

含水量 標準

製　程 天日／乾燥

原　料 海水

價格／150g包裝 350日圓

安塚之鹽

新潟県上越市

安塚区小黒788

tel.025-592-2038

海鹽

帶有溫和苦味且層次深邃的純天日鹽

紅樹林之森海鹽

菲律賓

菲律賓卡拉塔甘是位於沿海地區的小鎮，紅樹林豐饒且珊瑚礁廣布，在聯合國兒童基金會的贊助下打造了鹽田。這款純天日鹽便是引入流經菲律賓海溝的深海湧升流，使其濃縮並結晶。採收後會在石造倉庫中靜置熟成一段時間後，才包裝出貨。

TASTE! 整體味道圓潤而溫和。帶苦味與層次感

建議搭配的食材&料理 生或蒸的白身魚、燒烤豬肉

原產地 菲律賓

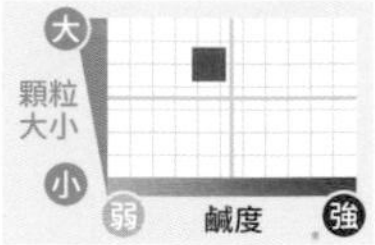

DATA

鹽含量 94.8g

鈉含量 37.3g

形　狀 立方體

含水量 濕潤

製　程 天日

原　料 海水

價格／100g包裝 330日圓

ochiai.com有限公司

静岡県富士市横割6-1-12

tel.0545-30-8835

http://www.77ochiai.com/

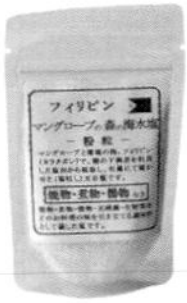

採收自斯里蘭卡名產地的稀有海鹽

印度洋海鹽

斯里蘭卡

斯里蘭卡的漢班托特區曾以著名鹽產地而遠近馳名。遺留於南海沿岸一帶的鹽田，自古以來都生產純天日鹽。2004年遭印度洋的南亞大海嘯重創，目前正在該地區進行大規模的開發。因此今後很有可能較難取得，是相當稀少的海鹽。

TASTE! 較強烈的鹹味之後，會有股苦味與淡淡酸味。餘韻較短

建議搭配的食材&料理 赤身魚或牛肉油脂較少的部位

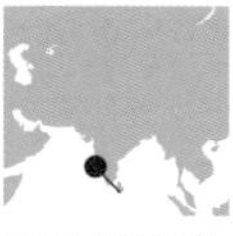

原產地 斯里蘭卡

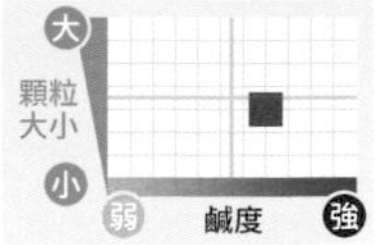

DATA

鹽含量 83.8g

鈉含量 33.0g

形　狀 凝聚狀

含水量 標準

製　程 天日／洗淨／乾燥

原　料 海水

價格／100g包裝 330日圓

ochiai.com有限公司

静岡県富士市横割6-1-12

tel.0545-30-8835

http://www.77ochiai.com/

暢快無腥味的純天日鹽

南極天日鹽

澳洲

廣大的Price鹽田。

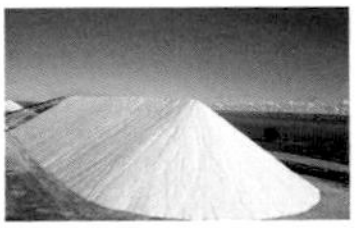

這款純天日鹽產自澳洲最大鹽品製造商Cheetham salt所管理的Price鹽田。將海水引入與南極海相接的南澳鹽田，耗費18個月的歲月緩慢地進行濃縮、結晶與熟成。味道均衡，價格也很實惠，建議用於水煮食材等，作爲日常用鹽。結晶的顆粒大小分爲大、中、小3種類型。

原產地 澳洲

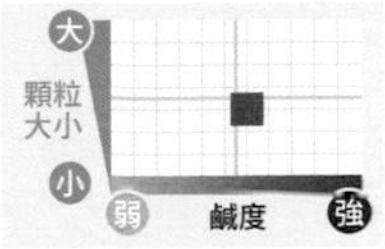

DATA

		形　狀	粉碎狀
		含水量	乾燥
鹽含量	99.6g	製程	天日／洗淨／乾燥／粉碎
鈉含量	39.2g	原　料	海水

TASTE!

味道清爽且具透明感。餘味留有一絲甜味

建議搭配的食材&料理

鮮奶與乳酪等乳製品、鹽飯糰。襯托水果的甜味。亦可作為水煮鹽

價格／500g包裝 待定價格
日法貿易股份有限公司
東京都千代田区
霞が関3-6-7
tel.0120-003-092
http://www.nbkk.co.jp/

輕盈薄片狀的顆粒非常適用於最終調味

PACIFIC薄片海鹽

紐西蘭

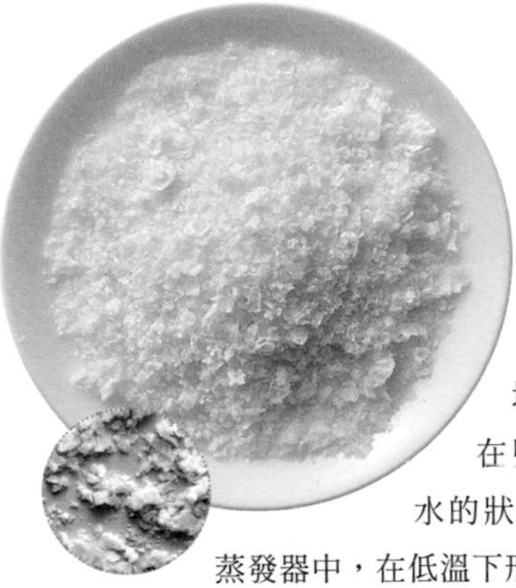

自然資源豐饒的馬爾堡也是赫赫有名的葡萄酒產地。讓引進的海水在鹽田裡達到飽和鹽水的狀態後，移入獨特的蒸發器中，在低溫下形成結晶。隨後進行低溫乾燥，直到變得乾燥爲止，打造出獨特的顆粒感。具有鬆脆且輕盈的口感，建議在上桌前撒上當頂飾配料，或用於希望保留結晶的料理上。已獲得紐西蘭政府的有機認證。

原產地 紐西蘭

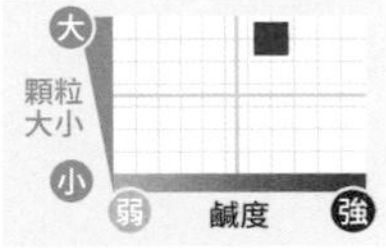

DATA

		形　狀	片狀
		含水量	乾燥
鹽含量	97～99g	製　程	天日／平鍋／乾燥
鈉含量	37.3g	原　料	海水

TASTE!

口感鬆脆。帶有如鐵般的酸味以及淡淡的苦味

建議搭配的食材&料理

檸檬炙燒鮪魚等赤身魚。使乳製品的甜味更飽滿

價格／100g包裝 780日圓
YAKABE股份有限公司
福岡県北九州市
門司区下二十町5-24
tel.093-371-1475
http://www.yakabe.co.jp/

memo 飽和鹽水是指鹽度已經達到不能再溶解更多鹽的鹽水。

能感受大地能量的紅色海鹽

夏威夷Alaea 火山紅土鹽

美國

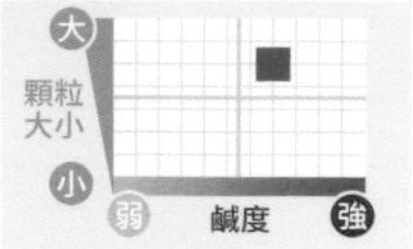

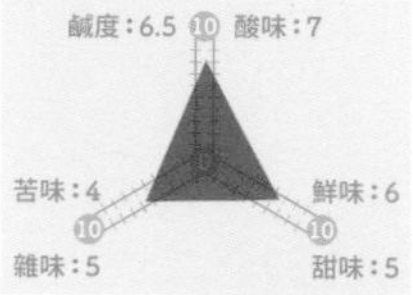

DATA

鹽含量	99.2g
鈉含量	39.1g
鉀含量	—
鎂含量	—
鈣含量	40mg

形　狀	立方體
含水量	乾燥
製　程	天日／混合
原　料	海水、紅土

TASTE!

有紅土特有、源自鐵的酸味與硫磺味。口感硬脆

建議搭配的食材&料理

烤牛肉或赤身魚類等紅肉系食材、雞蛋與蘆筍等帶有硫磺味的食材

挖掘紅土打造而成的考艾島鹽田。

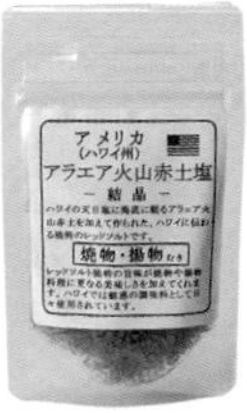

價格／100g包裝 550日圓
ochiai.com有限公司
静岡県富士市横割6-1-12
tel.0545-30-8835
http://www.77ochiai.com/

醒目深紅褐色是紅土特有的顏色。夏威夷考艾島周邊的海底有火山噴發所形成的火山土（紅土）堆積。這款夏威夷Alaea便是以這種土壤長時間煎炒後，混合夏威夷產的純天日鹽拌製而成。土中的氧化鐵使白色顆粒搖身一變成了「紅鹽」，因保有透明感而美麗不已。鈹、鎂與鈣特別豐富，可均衡攝取到各種礦物質，這點也很不錯。

含有土壤成分的鹽在日本很罕見，但在夏威夷則是自古以來就以這種鹽作爲獻給神的供品，用於祭典儀式或淨身，亦作爲日常調味料而備受喜愛。建議活用紅土鹽美麗的顏色，作爲料理的沾鹽來使用。顆粒稍大，還可享受硬脆的口感。不過因爲內含紅土，不太適合用來製作醃漬物等保存食。

溫潤與強勁的協奏曲

夏威夷 海鹽

美國

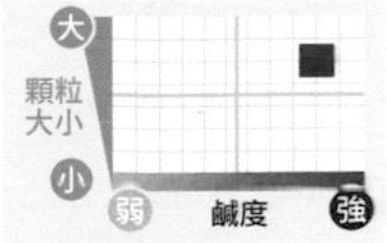

原產地 美國

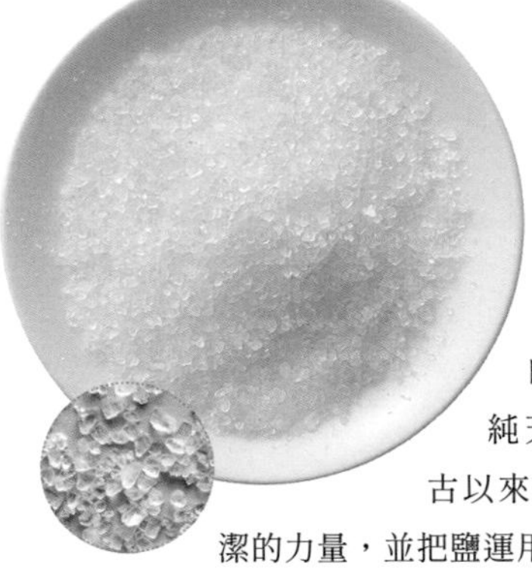

在夏威夷鹽產地之一的考艾島，島上有塊世代相傳的鹽田生產出這款純天日鹽。夏威夷自古以來相信鹽具有淨化不潔的力量，並把鹽運用在祭典儀式或按摩等各種用途。依循傳統製法所產出的鹽，享用時有著令人愉快的硬脆口感，一經咀嚼便逐漸化開來。鹽的顆粒偏大，建議作為頂飾配料。

DATA		形　狀	立方體
		含水量	乾燥
鹽含量	98.8g	製　程	天日
鈉含量	38.9g	原　料	海水

TASTE!
剛開始口感溫潤，隨著溶解而逐漸釋出強勁的鹹味

建議搭配的食材&料理
厚切烤牛肉、炸豬排等炸物

價格／100g包裝 430日圓
ochiai.com有限公司
靜岡縣富士市
橫割6-1-12
tel.0545-30-8835
http://www.77ochiai.com/

海鹽

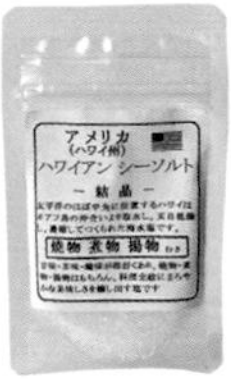

耗費2年形成結晶的天日鹽

MASCOT 水晶鹽

墨西哥

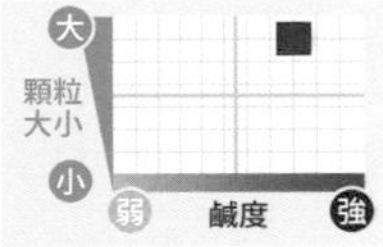

原產地 日本、墨西哥

格雷羅內格羅坐望被指定為世界遺產保護區的美麗海洋。坐擁與外海相隔而形成湖沼的「潟湖」，維持著鹽分約4.5％的高濃度鹽水，可謂天然的製鹽廠。將這些海水引入面積相當於東京23區的廣大鹽田中，投注約2年的歲月，不疾不徐地進行結晶製程。顆粒較大，可用研磨罐磨碎來使用。滲透緩慢，所以很適合用來製作以長期保存為目的的醃漬物。

DATA		形　狀	立方體
		含水量	乾燥
鹽含量	99.8g	製　程	洗淨／乾燥
鈉含量	39.3g	原　料	天日鹽

TASTE!
帶有口感略刺的銳利鹹味。餘韻短暫而清爽

建議搭配的食材&料理
日式梅乾等可長期保存的醃漬物。油脂較多的食材與料理

價格／100g包裝 280日圓
MASCOT FOOD
股份有限公司
東京都品川区
西五反田5-23-2
tel.03-3490-8418
http://www.mascot.co.jp/

暢快且帶甜味，比例絕佳的海鹽

聖誕島海鹽

吉里巴斯

珊瑚礁美麗動人的聖誕島。

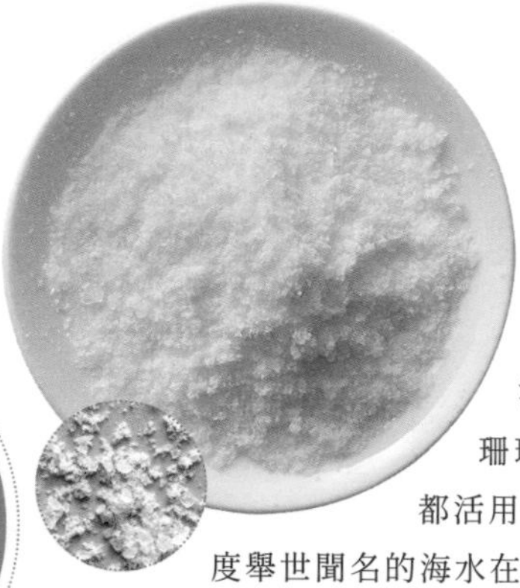

聖誕島是全世界最早迎接晨曦的島嶼。在這座漂浮於太平洋中央的珊瑚礁島上，連鹽田都活用了珊瑚礁。讓清澈度舉世聞名的海水在赤道燦爛陽光的照射下，持續曝晒3個月，僅憑藉大自然的力量使其結晶。一入口就能感受到暢快且具透明感的鹹味，最後則有股令人聯想到乳製品的柔和甜味擴散開來。

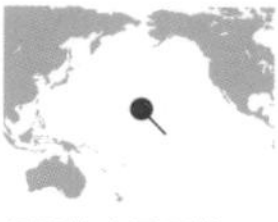

原產地 吉里巴斯

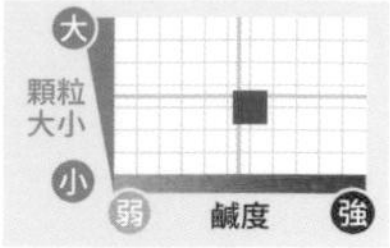

DATA

		形　狀	粉碎狀
		含水量	乾燥
鹽含量	96.2g	製　程	天日／粉碎
鈉含量	37.9g	原　料	海水

TASTE!

具透明感的鹹味。檸檬般的酸味。最後會有股甜味在口中擴散，但餘韻短暫

建議搭配的食材&料理

香煎雞肉、結合新鮮乳酪製成的卡布里沙拉、使用鮮奶製成的鹹味甜點

價格／300g包裝 649日圓
NPO法人 聖誕島海鹽協會
北海道苫小牧市
元中野町2-13-16
tel.0144-34-2111
http://www.kurinet.co.jp/tomakuri/sio.htm/

加拿大首家海鹽製鹽廠所生產的苦味鹽

加拿大海鹽

加拿大

大型蒸氣鍋成排並列。

曾以主廚之姿活躍不已的創始人於2010年設立了加拿大首家海鹽製鹽廠。於滿潮時汲取流經溫哥華島周邊、冰冷清澈的海水，在3個蒸氣鍋間不斷移動以進行濃縮，再補足海水並繼續熬煮，重複這道製程直到鹽水達飽和狀態才採收。使用可循環燃料等，製鹽方式也考慮到加拿大壯闊的大自然，因而此鹽獲獎無數。

原產地 加拿大

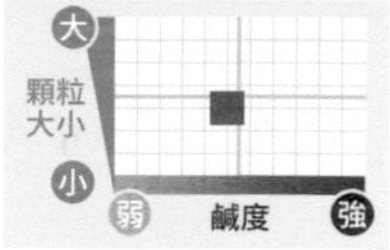

DATA

		形　狀	凝聚狀
		含水量	標準
鹽含量	91.3g	製　程	平鍋
鈉含量	36.0g	原　料	海水

TASTE!

不僅有鎂的苦味，還帶有雜味，風味獨具特色

建議搭配的食材&料理

充滿野味的GIBIER料理、野菜天婦羅、蔬菜、炸物、牛肉、麵包與披薩餅皮

價格／227g包裝 1450日圓
IRONCLAD股份有限公司
広島県福山市
神辺町新湯野64-4
tel.084-962-5222
http://visalt.jp/

已去除雜質且通過猶太潔食認證的鹽

蔚藍海鹽

美國

這款鹽是將加州的純天日鹽溶解後，撈取上方的清澈鹽水，再透過立鍋法熬煮成結晶。已通過不含有害物質的猶太潔食認證。

原產地 美國

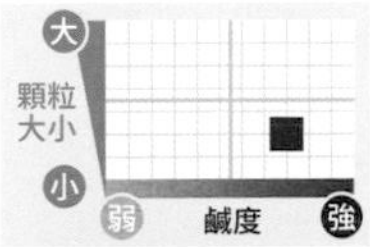

DATA
鹽含量 99.1g
鈉含量 39.0g
形　狀 立方體
含水量 乾燥
製　程 溶解／立鍋／乾燥
原　料 海水、碳酸鎂

TASTE! 帶有強烈鹹味、鎂的苦味與鮮味

建議搭配的食材&料理 炸物、使用鮮奶或奶油製成的料理

價格／411g包裝 580日圓
日本綠茶中心股份有限公司
東京都渋谷区桜丘町24-4東武富士ビル
tel.0120-821-561 http://www.jp-greentea.co.jp/

襯托雞尾酒的最佳配角

瑪格麗特鹽

美國

這一款鹽是「雪花杯型（Snow style，以檸檬或萊姆沾溼玻璃杯杯緣後抹上鹽）」雞尾酒所使用的鹽。帶有葡萄柚般的苦味，搭配沙拉也很美味。

原產地 美國

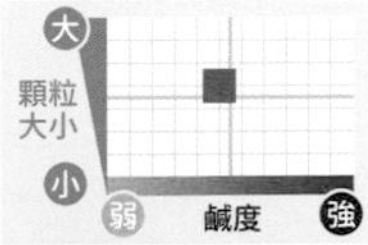

DATA
鹽含量 99.0g
鈉含量 39.0g
形　狀 粉碎狀
含水量 乾燥
製程 天日／粉碎／洗淨／乾燥
原　料 海水

TASTE! 帶有溫潤的鹹味、青草般的苦味與甜味

建議搭配的食材&料理 雪花杯型的雞尾酒、蔬菜沙拉

價格／170g包裝 400日圓
Lead Off Japan股份有限公司
東京都港区南青山7-1-5 コラム南青山2F
tel.03-5464-8170 http://www.lead-off-japan.co.jp/

硬脆口感令人愉悅的純天日鹽

加勒比海 巴哈馬產天日鹽

巴哈馬

這款鹽是巴哈馬的純天日鹽。活用美麗的海洋與溫暖的氣候來製鹽，從古至今始終都是該島的主要產業之一。還可享受結晶顆粒稍大的口感。

原產地 巴哈馬

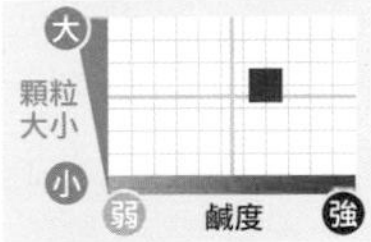

DATA
鹽含量 （93.9g）
鈉含量 37.0g
形　狀 立方體
含水量 標準
製　程 天日
原　料 海水

TASTE! 在強烈的強勁鹹度後，有股酸甜滋味

建議搭配的食材&料理 水分多且散發清香的新鮮食材與料理

價格／300g包裝 1800日圓
崎永商店有限公司
山口県岩国市三笠町2-3-16
tel.0827-21-1487 http://www.sakinaga.com/

味道強勁的南大西洋天然鹽

南大西洋海鹽

巴西

這款鹽產自巴西東北部，是該國內最大的鹽產地。乾燥且全年起風，是製造優質純天日鹽最理想之地。強勁的鹹味與苦味最適合搭配炸物。

原產地 巴西

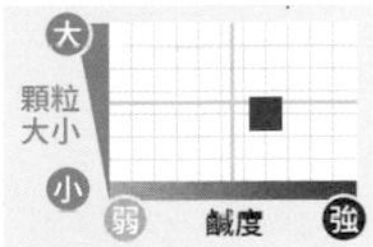

DATA
鹽含量 99.8g
鈉含量 39.3g
形　狀 粉碎狀
含水量 標準
製　程 天日／洗淨／粉碎
原　料 海水

TASTE! 有較強鹹味與適度苦味。餘韻短暫而清爽

建議搭配的食材&料理 炸物、鹽烤秋刀魚或鰤魚等油脂豐腴的魚類

價格／100g包裝 380日圓
ochiai.com有限公司
静岡県富士市横割6-1-12
tel.0545-30-8835 http://www.77ochiai.com/

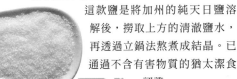

memo 所謂的猶太潔食，是指猶太教所制定的飲食規定，有一套嚴格的製造管理基準。

Sea salt Japan Map 北海道～中部

在冬季經常大雪紛飛的北海道與東北地區，一般會透過平鍋法來製鹽，活用山林的豐富木材，燒柴加熱使海水形成結晶。若要談論日本的製鹽史，不能不提到石川縣珠洲市，位於能登半島末端，從江戶時代以來代代傳承著傳統的揚濱式鹽田製法。

在面向日本海的新潟縣，製鹽廠皆集中於風景勝地笹川流的周邊，以清澈的海水作為原料，採取平鍋法來製鹽。此外，關東與中部地區則以坐望太平洋的沿海地區、父島或大島等受黑潮環繞的離島等處，製鹽業較為盛行。

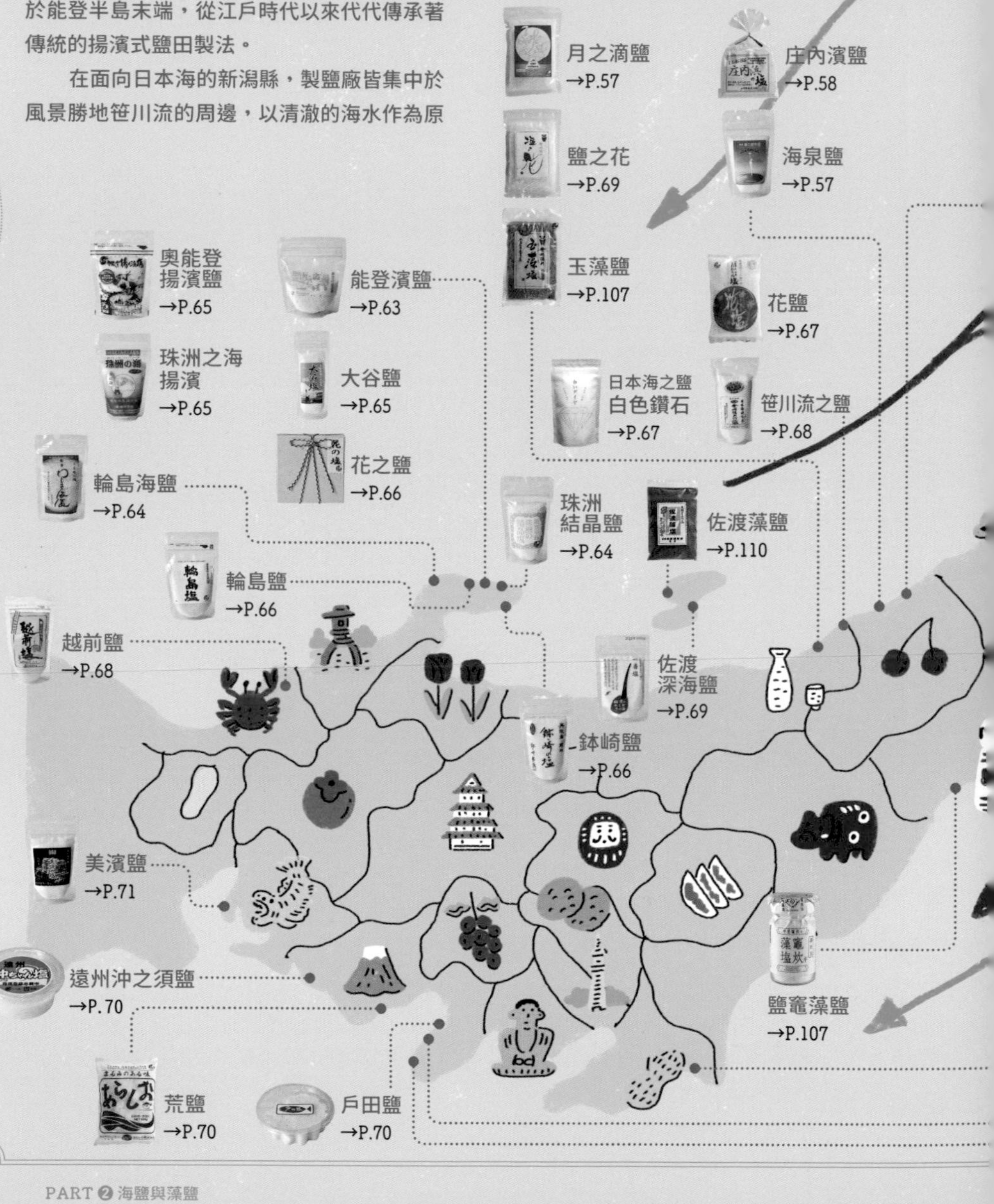

神威遊庭鹽
淡雪
→P.52
酒田之鹽
白鹽
→P.58
宗谷之鹽
→P.52
薄雪自然鹽
→P.54
釜炊一番鹽
→P.53
男鹿半島鹽
→P.56
津輕海峽鹽
→P.57
鄂霍次克鹽
釜揚鹽
→P.54
知床之鹽 極
→P.53
薪窯直煮製法
野田鹽
→P.56
羅臼鹽
→P.54
Flower Of Ocean
海潮
→P.60
伊達鮮鹽
→P.55
海之精
粗鹽
紅標
→P.59
深層海鹽
HAMANE
→P.61
黑山海
→P.62
揚濱鹽田
製法鹽
→P.62
火山地熱鹽
→P.62
伊豆盛田屋的
純天日鹽
→P.71
小笠原 島鹽
→P.61
GARDENSTYLE
PRECIOUS MIX
→P.71
小笠原之鹽
→P.60
月之鹽 細粒
→P.61

完整封存北海道的自然風味

神威遊庭鹽 淡雪

北海道

清冽的海水。

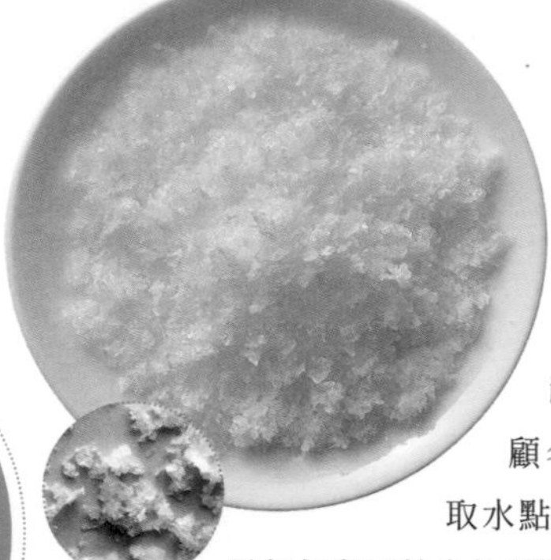

這款鹽的日文「カムイ・ミンタル」在愛奴語中意指「衆神遊樂的庭園」。顧名思義，這款鹽的取水點所坐落的海域，正是仍保留原始自然景觀的洞爺湖町與伊達市交界處、距離「談判岩」60m處。製程也堅持採用傳統製法，在燒柴加熱的3個平鍋間不斷移動，耗費約14個小時不疾不徐地熬煮成結晶。乾爽易溶，散發濃郁的鮮味，甚至可以直接作爲下酒佐料。

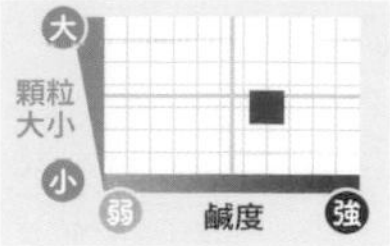

DATA

		形　狀	片狀
		含水量	乾燥
鹽含量	81.1g	製　程	平鍋
鈉含量	31.9g	原　料	海水

TASTE!

帶有肌苷酸般濃郁的鮮味與適度苦味

建議搭配的食材&料理

牛肉與豬肉油脂較多的部位、番茄等鮮味較強烈的蔬菜

價格／50g包裝 400日圓

工房 帆
北海道虻田郡
洞爺湖町入江88
tel.0142-76-1115
http://kamui-mintal.com/

溫潤且鮮味十足，含鹽滷水的海鹽

宗谷之鹽

北海道

粉末狀的鹽。

這款鹽僅以清澈海水製作而成，原料汲取自北海道最北端的宗谷海峽海底。精心改良了取水口的構造，只有在自然淨化作用下經過過濾的海水會送達地面。在結晶過程中採用了能讓水分瞬間蒸發的專利製法，使成品仍保有一般會濾掉的鹽滷水。鈉含量比例較低，所以正在執行減鹽的人也能放心食用。這種粉末狀的鹽似乎也很受日本各地麵包店的喜愛。

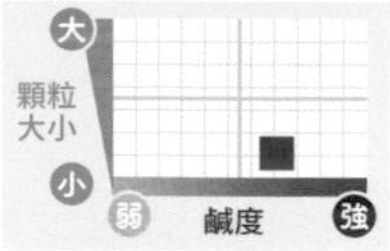

DATA

		形　狀	粉末狀
		含水量	乾燥
鹽含量	71.9g	製程	圓筒加熱／乾燥／粉碎
鈉含量	28.3g	原　料	海水

TASTE!

帶有溫潤鹹味與較強的鮮味。餘味帶苦。餘韻較短

建議搭配的食材&料理

燒烤或淺漬蔬菜。容易滲透，適合用於白身魚的準備作業

價格／100g包裝 250日圓

田上食品工業股份有限公司
北海道稚內市宝来5-4-5
tel.0162-23-6559
http://www.tagami-foods.jp/

來自100%海洋深層水的爽口海鹽

知床之鹽 極

北海道

這款鹽是以鄂霍次克海冷冽海底的海洋深層水爲原料，透過逆滲透法分離爲濃縮海水與淡水，再利用平鍋熬煮濃縮海水，使其結晶。鹹味恰到好處，充滿較強烈的苦味與酸味。爽口的滋味可使炸物或油脂的味道更飽滿。

TASTE! 帶有強烈苦味與爽口的酸味

建議搭配的食材&料理 白身魚天婦羅等內裹清淡食材的炸物

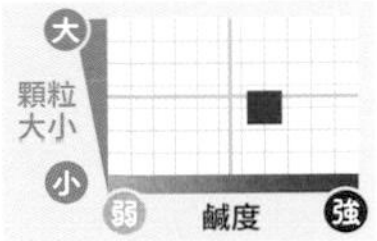

DATA

- 鹽含量 90.7g
- 鈉含量 35.7g
- 形　狀 凝聚狀
- 含水量 標準
- 製　程 逆滲透／平鍋
- 原　料 海水

價格／50g包裝 550日圓
羅臼海洋深層水有限公司
北海道目梨郡羅臼町春日町61-1
tel.0153-88-5470
http://www.siretoko.co.jp/

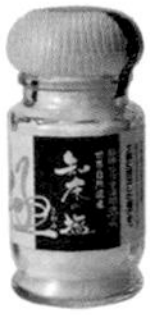

讓海洋深層水化為片狀

釜炊一番鹽

北海道

這款鹽是從北海道南部的熊石汲取海洋深層水，再投注時間利用平鍋慢慢炊煮所形成的結晶。愈咀嚼就會有愈強烈的鮮味在口中擴散，扎實地殘留在舌尖上。呈片狀而可享受鬆脆的口感，食材烤好後，上菜前輕撒些許即可。

TASTE! 帶有恰到好處的鹹味、較強的鮮味與淡淡的苦味

建議搭配的食材&料理 燒烤或香煎牛肉與豬肉

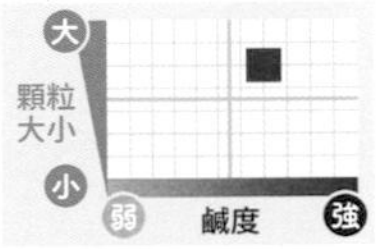

DATA

- 鹽含量（81.4g）
- 鈉含量 32.0g
- 形　狀 片狀
- 含水量 標準
- 製　程 平鍋／乾燥
- 原　料 海洋深層水

價格／100g包裝 361日圓
熊石深層水股份有限公司
北海道二海郡八雲町熊石平町114-1
tel.01398-2-3131
http://www.kumaishi.jp/

salt column

鹽也需要「熟成」

眾所周知，鹽可以促進食物的熟成與發酵，不過鹽本身也會隨著時間的流逝而產生變化，這種過程亦可稱爲「熟成」。只要將完成的鹽放進通風良好的容器等，靜置一段時間，味道便會在不知不覺間少了稜角，變得圓潤而溫和。

雖然在化學理論上尚未釐清，不過一般推測是鹽裡的鎂吸收空氣中的水分後會溶解，並在乾燥後再次形成結晶，不斷反覆進行此過程後，鹽裡所含的礦物質比例會有所變化，連味道都隨之改變。鹽的生產年份目前尚未受到關注，但或許總有一天會像葡萄酒一般，普遍根據「○○年產的陳年好鹽」來品嚐。

品嚐如新雪般柔和的味道

薄雪自然鹽

北海道

禮文島是日本最北端的離島，豐饒的海洋環繞四周，全年都能捕獲豐富的海產，這款鹽便是汲取該海域的海水，並利用鍋釜熬煮成結晶。蓬鬆的純白結晶宛如剛落下的新雪，在舌尖上迅速溶解，如落雁（日本的傳統糕點）般高雅的甜味擴散開來。

TASTE! 適當的鹹味與層次感，以及高雅俐落的甜味，十分爽口

建議搭配的食材&料理 生菜、生的白身魚、剉冰與冰淇淋等冰涼的甜點

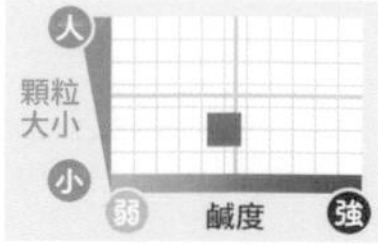

DATA

鹽含量（76.2g）

鈉含量 30.0g

形　狀 凝聚狀

含水量 標準

製　程 平鍋

原　料 海水

價格／100g包裝 520日圓

船泊漁業協同組合

北海道礼文郡礼文町船泊

tel.0120-707-931

http://www.funadomari.jp/

海鹽

利用歷經兩千年歲月的純淨海水

羅臼鹽

北海道

格陵蘭島周邊的深層海水歷經兩千年的時光，流動到知床的羅臼海域。這款鹽便是以世界遺產知床的海洋深層水，溶解澳洲產的天日鹽所製成的再製加工鹽。味道清爽，適合搭配白身魚等細膩的食材。

TASTE! 有溫潤鹹味與適度鮮味。餘韻微苦

建議搭配的食材&料理 淺漬白菜等清淡蔬菜、干貝生魚片、白身魚

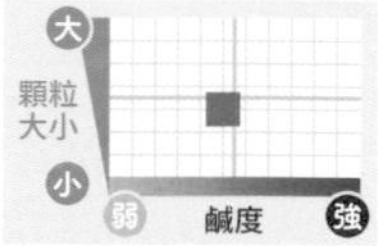

DATA

鹽含量 99.6g

鈉含量 39.2g

形　狀 凝聚狀

含水量 標準

製程 逆滲透／溶解／平鍋／乾燥

原　料 天日鹽、海洋深層水

價格／180g包裝 367日圓

SYSWING股份有限公司

北海道札幌市中央区

北12西20-2-1

札幌市中央卸売市場 水産棟3F

tel.011-615-8000

濃縮了大海養分的鮮味鹽

鄂霍次克鹽 釜揚鹽

北海道

這款鹽是汲取從世界3大漁場之一的鄂霍次克海流至佐呂間湖的海水，花3天時間不斷移動鍋釜慢慢熬煮，結晶要等到第4天滾沸炊煮後才採收。養分豐富的海水所形成的鹽裡濃縮了滿滿鮮味與甜味。

TASTE! 帶有肌苷酸般濃郁的鮮味與甜味，還有適度的苦味

建議搭配的食材&料理 油脂較多的豬肉、帶苦味的蔬菜

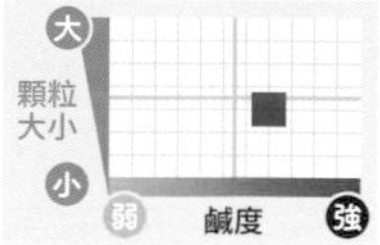

DATA

鹽含量 83.3g

鈉含量 33.0g

形　狀 凝聚狀

含水量 標準

製　程 平鍋

原　料 海水

價格／200g包裝 500日圓

TSURARA股份有限公司

北海道紋別郡湧別町栄町37-25

tel.01586-5-3703

http://www.tsurara.jp/

伊達鮮鹽

據說自江戶時代起至1960年左右，宮城縣東北部石卷市的流留地區都是透過入濱式鹽田來製鹽。後來製鹽業曾中斷了40年，直到住在當地的山田夫妻經手才再度復活。他們採取的製法是以鍋釜不疾不徐地悉心熬煮海水，至今仍始終如一地延續著這般傾注心力的製鹽工作。熬煮2天所完成的鹽充滿濃郁鮮味。因爲這款鹽的鮮味會在嘴裡瞬間擴散，據說有不少人是因此才體認到鹽的美味。於2010年獲得「宮城製造工藝大賞」的特別獎。

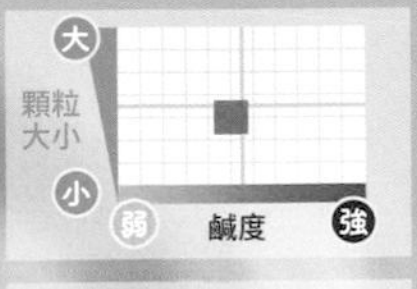

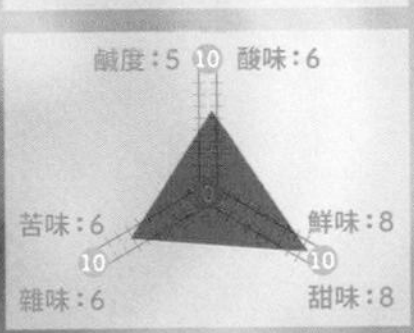

TASTE! 有極濃郁的鮮味、爽口的酸味與令人愉悅的苦味，還散發淡淡海潮香味

建議搭配的食材&料理 煎烤牛肉或豬肉油脂較多的部位。鹽烤油脂豐腴的魚

DATA

鹽含量	（88.9g）
鈉含量	35.0g
鉀含量	170mg
鎂含量	420mg
鈣含量	200mg

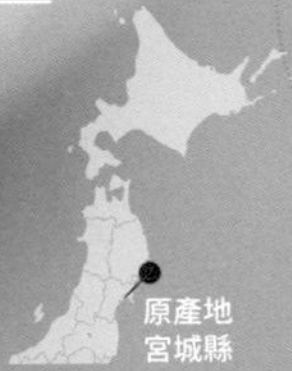

形　狀	凝聚狀
含水量	濕潤
製　程	平鍋
原　料	海水

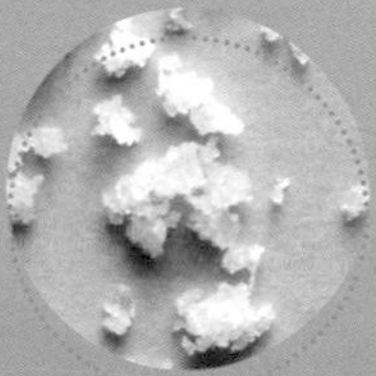

價格／400g包裝 530日圓
山田了作
宮城県石巻市
流留字家の前10-69
tel.0225-97-4577

以三陸的海水熬煮4天所製成的鹽

薪窯直煮製法 野田鹽

岩手

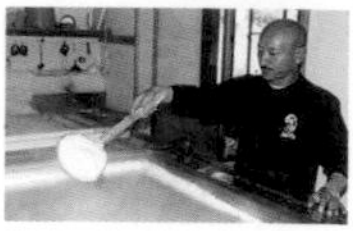
撈取白色的結晶。

據說野田村以前會把生產好的鹽堆放到牛背上，運至內陸交換穀物。這款野田鹽所採取的是傳統製法，即利用燒柴加熱的鐵鍋來熬煮經過自然過濾的地下海水。必須分次少量地添加海水，花4天炊煮而成，所以使用1.3噸的海水只能產出約25kg的鹽。源自鐵的酸味與苦味則可讓油膩的料理變得清爽。

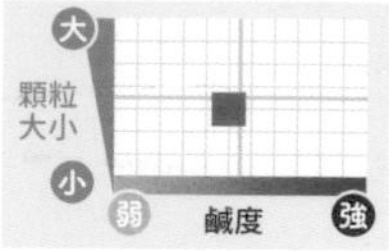

DATA

		形　狀	凝聚狀
		含水量	標準
鹽含量	96.0g	製　程	平鍋／乾燥
鈉含量	38.0g	原　料	海水

TASTE!

順口的苦味以及鮮味在口中擴散。餘韻較長。有淡淡鐵酸味

建議搭配的食材&料理

鹽烤赤身魚、油脂較多的牛肉、野菜與香魚的天婦羅

價格／50g包裝 205日圓

野田村 股份有限公司

岩手県九戸郡

野田村大字野田31-31-1

tel.0194-78-4171

呈片狀結晶的溫潤海鹽

男鹿半島鹽

秋田

男鹿半島以風光明媚的景色而聞名。這款鹽便是在突出於日本海的男鹿海域汲取海水，再以原創的多段式平鍋炊煮而成。利用柴火長時間慢慢加熱，使海水濃縮並結晶，因而形成細緻的片狀鹽。發揮其鬆脆的口感，作爲附餐沾鹽再適合不過。在片狀鹽中算是鹹味較爲溫潤的，所以直接撒在生菜上享用也很美味。

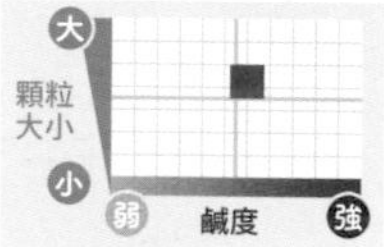

DATA

		形　狀	片狀
		含水量	乾燥
鹽含量	(88.9g)	製　程	平鍋／乾燥
鈉含量	35.0g	原　料	海水

TASTE!

帶有溫和的鹹味以及較強的鮮味。餘韻較長。口感鬆脆

建議搭配的食材&料理

白身魚或豬肉料理、蔬菜沙拉

價格／40g包裝 350日圓（瓶裝）
200日圓（袋裝）

男鹿工房 股份有限公司

秋田県男鹿市

船川港船川字海岸通2-9-5

tel.0185-23-3222

http://ogakoubo.com/

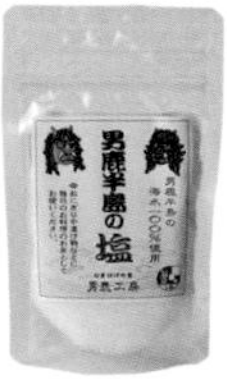

甜味與鹹味的平衡恰到好處

津輕海峽鹽

青森

津輕海峽位於親潮與黑潮的交會處，這款鹽便是汲取該區的海水，再利用燒柴加熱的平鍋使海水慢慢地濃縮、結晶。是以約70℃的偏低溫度不疾不徐地加熱。甜味稍強，不過整體味道很均衡。適合搭配任何料理。

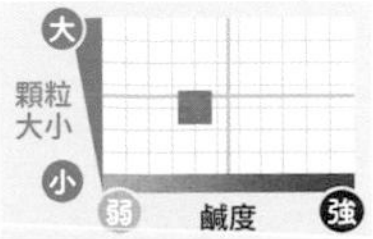

DATA

鹽含量
（85.1g）

鈉含量
34.0g

形　狀 凝聚狀
含水量 乾燥
製　程 平鍋／烘烤
原　料 海水

價格／55g包裝 540日圓
駒嶺商店 股份有限公司
青森県下北郡風間浦村
大字蛇浦字新釜谷2-3
tel.0175-35-2211
http://komamine.co.jp/

TASTE! 甜味稍強，但整體味道均衡

建議搭配的食材&料理 鹽飯糰、淺漬清淡蔬菜、油脂較少的料理

滿月之日汲取因而富含礦物質的鹽

月之滴鹽

山形

這款鹽的原料是笹川流的海水，以高透明度著稱。利用平鍋熬煮的過程中，僅採集最初浮上來的片狀結晶「鹽之花」。據說滿月之日的表層海水富含礦物質，會使鹽的味道更強勁。強勁的味道中還多了幾分如鐵般的酸味，味道獨樹一格。

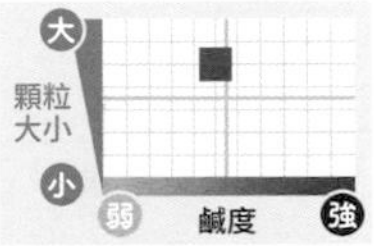

DATA

鹽含量
——

鈉含量
——

形　狀 片狀
含水量 乾燥
製　程 平鍋
原　料 海水

價格／150g包裝 600日圓
Al-ché-cciano
山形県鶴岡市下山添一里塚83
tel.0235-78-7230
http://www.alchecciano.com

TASTE! 有恰當的鹹味、濃郁的鮮味與甜味、酸味、海潮香味

建議搭配的食材&料理 味道較濃郁的赤身魚、菠菜等礦物質含量高的蔬菜

義大利名店的原創海鹽

海泉鹽

山形

庄內濱北端有個鳥海山伏流水湧出之處，在此汲取以高透明度著稱的海水，並透過平鍋法讓純淨的海水濃縮並結晶做出這款鹽。鹽裡濃縮了自然資源豐富的鳥海山之營養，還可感受到如濃郁蔬菜般的鮮味與高雅的甜味。

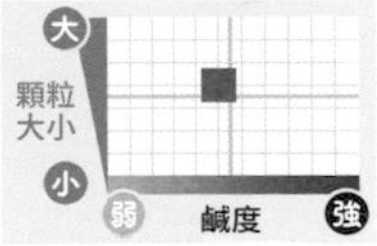

DATA

鹽含量
（96.5g）

鈉含量
38.0g

形　狀 凝聚狀
含水量 標準
製　程 平鍋／乾燥
原　料 海水

價格／100g包裝 500日圓
Al-ché-cciano
山形県鶴岡市下山添一里塚83
tel.0235-78-7230
http://www.alchecciano.com

TASTE! 礦物質感強烈，餘韻有股美味蔬菜般的鮮味

建議搭配的食材&料理 蔬菜湯等所有蔬菜料理

富含日本海的營養

庄內濱鹽

山形

庄內濱面向日本海，是衆所周知海產相當多樣的漁場。這款鹽便是汲取該海域的海水，利用平鍋熬煮後又經過烘烤，成品的質地乾爽。產自庄內濱的這款鹽富含海洋的營養，強烈的鮮味與甜味之後，還可以感受到淡淡的海潮香味。亦可作爲下酒佐料。

TASTE! 感受到較強的鮮味與甜味。海潮香味餘韻無窮

建議搭配的食材&料理 生的白身魚或貝類、鹽飯糰

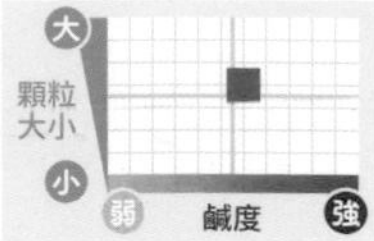

DATA

鹽含量 ——

鈉含量 ——

形　狀 凝聚狀

含水量 乾燥

製　程 平鍋／乾燥／烘烤

原　料 海水

價格／120g包裝 360日圓

山形縣產食品股份有限公司

山形県酒田市大宮町1-11-1

tel.0234-24-7161

來自「水分之神」的贈禮

酒田之鹽 白鹽

山形

鳥海山因降雨量豐沛而有「水分之神」之稱。這款鹽便是汲取受伏流水的影響而飽含大地養分的海水，並透過平鍋法使其濃縮並結晶。採取的製法也相當重視環保，比如利用廢材作爲柴火、利用煙囪的熱能來烘烤等。酸味顯著而甜味俐落。

TASTE! 帶有檸檬般的酸味與清爽的甜味

建議搭配的食材&料理 香煎雞肉或豬肉

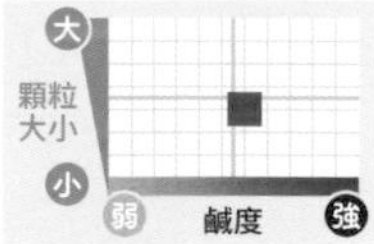

DATA

鹽含量 （81.2g）

鈉含量 32.0g

形　狀 凝聚狀

含水量 標準

製　程 平鍋／乾燥／烘烤

原　料 海水

價格／30g包裝 362日圓

酒田之鹽

山形県酒田市宮梅字村東14-2

tel.0234-34-2015

http://www.sakatanoshio.com/

salt column

鹽也會自帶「香味」

大家是否以爲鹽是不具氣味的？其實鹽也自帶香味。最容易辨識的香味便是藻鹽所含的海藻味。使用的海藻種類不同，香氣也會有些微差異，不過通常以「海潮香味」來形容。

當鹽的結晶在嘴裡溶化時，是否曾經感受到一股到海岸附近時所聞到的淡淡海潮香味撲鼻？或是有股青草味在口腔內擴散開來？這是因爲鹽受到原料、製法或使用器具的材質等影響。較常感受到的香味有5種，分別爲「青草」、「海（潮）」、「日光」、「土」與「鐵」。好好感受這些氣味，可成爲判別食材契合度的重大線索，比如散發「青草香味」的鹽適合搭配帶有同樣氣味的蔬菜等。

致力於復興傳統海鹽而創造出的鹽

海之精 粗鹽 紅標

東京

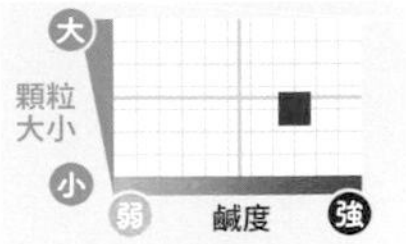

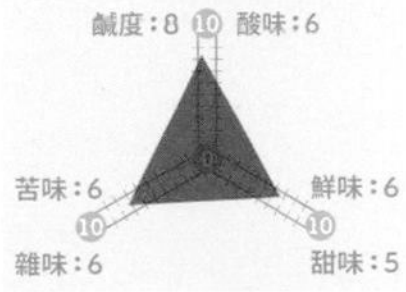

DATA

鹽含量	86.4g
鈉含量	34.0g
鉀含量	240mg
鎂含量	700mg
鈣含量	400mg

原產地 東京都

形　狀	凝聚狀
含水量	濕潤
製　程	天日／平鍋
原　料	海水

TASTE!

帶有強勁鹹味與較強而順口的苦味，濃郁的甜味餘韻無窮

建議搭配的食材&料理

鹽烤清淡的白身魚、青蔥等烤過甜度會增加的烤蔬菜、鹽飯糰

建於坐望黑潮海域的伊豆大島岸邊，高達6m的網架流下式鹽田。

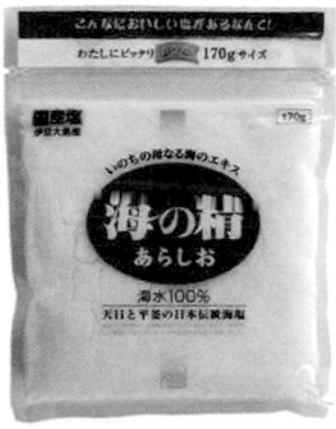

價格／170g包裝 430日圓
海之精股份有限公司
東京都新宿区
西新宿7-22-9
tel.03-3227-5601
http://www.uminosei.com/

1971年日本實施了專賣制度，導致全國鹽田紛紛廢晒。有志者反對此事，並發起以復興傳統海鹽爲目標的運動，其中的部分人士後來成立製鹽公司「海之精」。至今仍遵循創設時「身土不二」（指人體應順應自然，食當季與在地）、「一物全體」（完整取用食材以充分攝取營養）與「陰陽調和」（依體質挑選食物屬性）的理念，在大島國家公園內的製鹽廠裡持續製鹽。

採取傳統製法，運用大自然之力與製鹽師手工製鹽。這款鹽便是將黑潮的海水澆淋在流下式鹽田中濃縮，並利用平鍋熬煮至一定濃度，最後再透過離心分離機脫去鹽滷水，產生結晶。

這份從堅定理念所孕育出的滋味，不僅深受知名廚師與推崇長壽飲食法的主廚喜愛，日本各地也有不少愛好者。特色在於鹽滷水成分高而較爲濕潤。與鹽飯糰簡單搭配，即可大大襯托出米的鮮味與甜味。

memo 長壽飲食法是一種以糙米等日本傳統食物為基礎並遵循自然節氣的飲食生活法。

為專業廚師量身打造的鹽

小笠原之鹽

東京

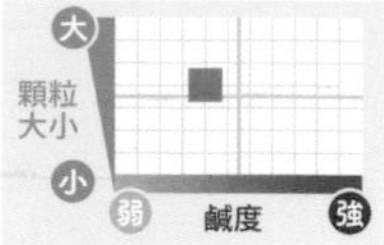

這款鹽產自仍保有原始自然景觀的小笠原群島之父島，業者以「爲專業廚師量身打造的鹽」爲目的持續經營製鹽事業。將過濾後的海水倒入一個平鍋中，悉心熬煮並隨時進行細微的調整。鈉含量比例低而鎂與鉀等礦物質含量高，所以鹹味溫潤。可感受到較強烈的層次感與淡淡的酸味，結晶入口即化。

DATA

		形　狀	片狀
		含水量	標準
鹽含量	82.5g	製　程	平鍋
鈉含量	32.5g	原　料	海水

TASTE!

帶有溫潤的鹹味、濃郁的鮮味以及淡淡的酸味

建議搭配的食材&料理

番茄等鮮味濃郁的蔬菜、製作發酵食品、燒烤豬肉、鹽烤白身魚

價格／140g包裝 500日圓
小笠原之鹽
東京都小笠原村
父島字小曲83-1
tel.04998-2-2044
http://www.ogasawaranoshio.com/

原料是有深邃甜味的深層地下鹽水

Flower Of Ocean 海潮

東京

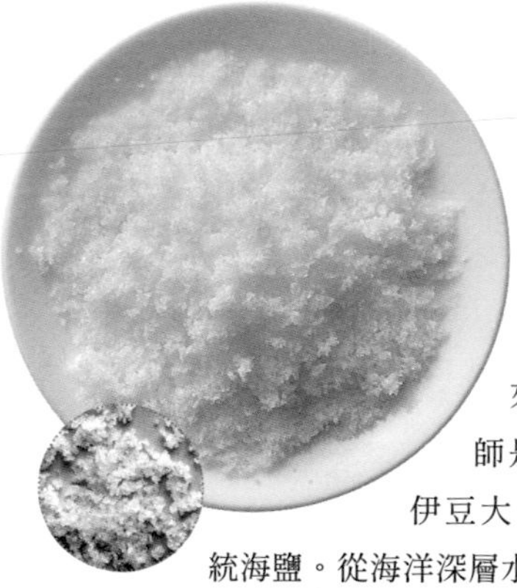

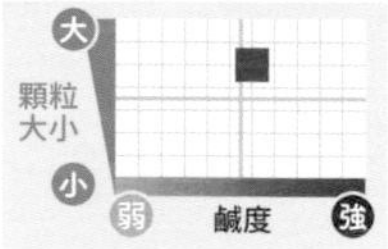

這款鹽是由一心致力於製鹽逾40年的製鹽師創造出來的。據說該製鹽師是於1970年代遠渡伊豆大島，並竭力復興傳統海鹽。從海洋深層水與淡水的匯流處取水，並在設計成可利用太陽熱能與風力等自然能源的獨特圓頂型溫室內，透過天日法加以濃縮，隨後以鍋釜炊煮而成。餘味可感受到如乳製品般的層次感與甜味。建議用於製作鹹味甜點。

DATA

		形　狀	凝聚狀
		含水量	標準
鹽含量	（91.1g）	製　程	天日／平鍋
鈉含量	35.9g	原　料	海水

TASTE!

鹹味轉瞬即逝，留下順口的苦味與酸味。餘味帶有如乳製品脂質般的層次感

建議搭配的食材&料理

使用鮮奶或鮮奶油製成的甜點或醬汁、新鮮乳酪

價格／200g包裝 600日圓
OHSHIMA OCEAN SALT
有限公司
東京都大島町
元町字小清水267-4
tel.04992-2-2815
http://www.o-oceansalt.com/

獲頒農林水產大臣獎的鮮味鹽

東京

小笠原 島鹽

這款海鹽是產自距離東京約1000km的小笠原群島之父島。製法是日本首次採用的登釜製鹽法。讓海水在多個溫度各異的鍋釜間移動，在低溫下持續濃縮，藉此去除海水內含的石灰成分，製造出透明而美麗的結晶。

TASTE!	帶有溫潤的鹹味與極其濃郁的鮮味
建議搭配的食材&料理	所有蔬菜

原產地
東京都

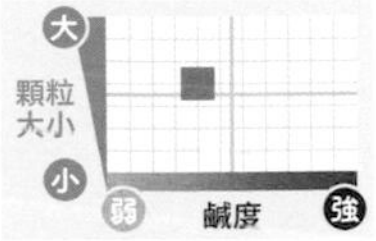

DATA

鹽含量	82.5g
鈉含量	32.5g
形　狀	立方體
含水量	標準
製　程	平鍋／天日
原　料	海水

價格／200g包裝 700日圓（含稅）
小笠原Fruit Garden有限公司
東京都小笠原村父島字東町82-2
tel.04998-2-2534
http://www.rakuten.co.jp/ogasawara-shop/

使用從格陵蘭島送來的海洋深層水

東京

月之鹽 細粒

這款純天日鹽產自保有許多原始自然景觀的小笠原群島之父島。作爲原料的海水是格陵蘭島的冰河融化後形成的深層水，歷經漫長歲月才流至父島東方的海域。在太陽與月亮的照射下，長時間慢慢培育出結晶。顆粒偏大且飽含鮮味。

TASTE!	有恰到好處的甜味與苦味。鮮味的餘韻較長
建議搭配的食材&料理	鹽漬白身魚、麵包的頂飾配料、搭配油的佛卡夏麵包

原產地
東京都

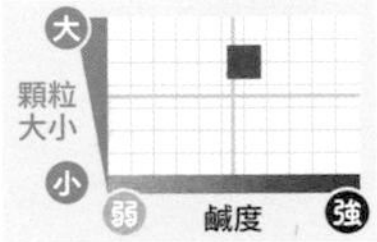

DATA

鹽含量	（81.2g）
鈉含量	32.0g
形　狀	立方體
含水量	標準
製　程	天日
原　料	海水

價格／100g包裝 650日圓
小笠原自然海鹽股份有限公司
東京都小笠原村父島時雨山
tel.04998-2-3623
http://www.ogashio.com/

完整保有伊豆大島的海洋風味

東京

深層海鹽 HAMANE

海水滲透了遍布伊豆大島的黑色火山岩（玄武岩層），這款鹽便是從地底300m處汲取深層地下海水，並在濃縮屋棚裡曝晒陽光加以濃縮，再利用約85℃的平鍋熬煮成結晶。完整保留了海洋風味，與海鮮類料理堪稱絕配。

TASTE!	海水原味。鹹味後會有較強的苦味、酸味與雜味
建議搭配的食材&料理	所有海鮮類、海藻沙拉

原產地
東京都

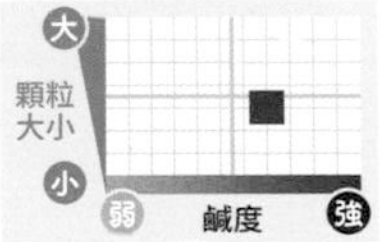

DATA

鹽含量	89.2g
鈉含量	35.1g
形　狀	凝聚狀
含水量	標準
製　程	天日／平鍋
原　料	海水

價格／200g包裝 470日圓
深層海鹽股份有限公司
東京都大島町岡田字小堀123
tel.04992-2-8077
http://www.shinsoukaien.com/

利用大地之力的火山蒸氣來製鹽

火山地熱鹽

東京

這款鹽產自東京以南約360km處的火山島——青島。汲取流經島嶼四周的黑潮，利用從火山噴氣孔排出的高溫蒸氣來加熱，花費約3週的時間使其一點一點濃縮並結晶。鹹味溫潤，可感受到強烈的甜味與適度的鮮味。

TASTE! 帶有溫潤的鹹味，可感受到適度的鮮味與強烈的甜味

建議搭配的食材&料理 蔬菜沙拉與淺漬食品、鹽飯糰

原產地
東京都

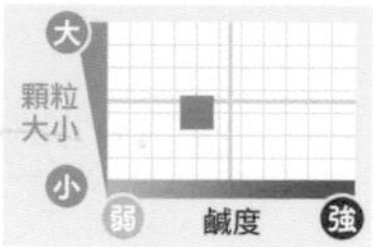

DATA

鹽含量
90.6g

鈉含量
35.6g

形　狀 凝聚狀
含水量 標準
製　程 平鍋
原　料 海水

價格／60g包裝 260日圓
青島製鹽事務所股份有限公司
東京都青ヶ島村無番地
tel.04996-9-0241
http://hingya.jimdo.com/

海鹽

以純淨黑潮製成的強勁海鹽

黑山海

東京

黑潮會流經八丈島，其中又以島嶼北部的黑瀨川周遭流速特別快，這款鹽便是從該區汲取純淨海水作爲原料。透過獨家室內低溫自然蒸發法使其濃縮並結晶。整體風味強勁，鹹味與鮮味濃郁且餘韻悠長。顆粒較大，亦可享受硬脆的口感。

TASTE! 味道厚實，鮮味特別濃郁且持久。還有股雜味

建議搭配的食材&料理 燒烤赤身肉類或魚類、以油脂豐腴的魚製成的魚乾

原產地
東京都

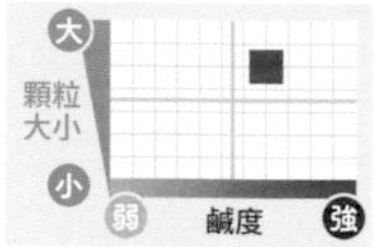

DATA

鹽含量
80～88g

鈉含量
34～38g

形　狀 立方體
含水量 標準
製　程 天日
原　料 海水

價格／150g包裝 600日圓
黑瀨川企劃 黑山海
東京都八丈島八丈町三根1783-1
tel.04996-2-0256
http://kurosankai.upper.jp/

恢復自江戶時代傳承下來的製鹽法

揚濱鹽田製法鹽

千葉

生產者恢復了過去在九十九里濱採用的揚濱式鹽田。所謂的揚濱式，是一種將海水灑在沙地鹽田裡，借助陽光與風力來濃縮海水的傳統製鹽法，如今除了石川縣珠洲市外，幾不復見。這款鹽便是利用以柴火加熱的平鍋，不疾不徐地熬煮濃縮海水所製成。

TASTE! 有顯著的鮮味與甜味。餘味有淡淡雜味與苦味

建議搭配的食材&料理 燒烤番茄等鮮味強烈的蔬菜、鹽飯糰

原產地
千葉縣

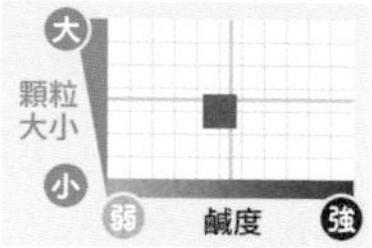

DATA

鹽含量
85.4g

鈉含量
34.0g

形　狀 凝聚狀
含水量 標準
製　程 天日／平鍋
原　料 海水

價格／200g包裝 780日圓
Sunrise Salt
千葉県旭市椎名内3213
tel.0479-74-3132
http://www.sunrise-salt.com

能登濱鹽

石川

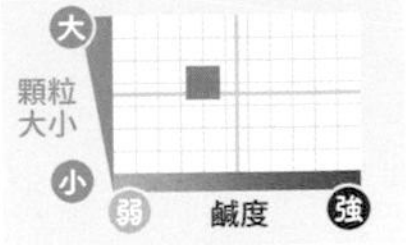

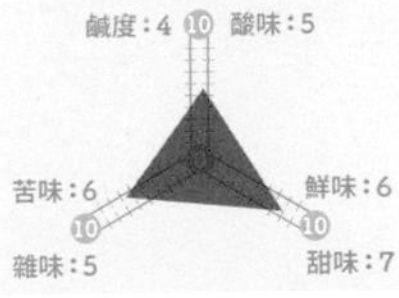

DATA

鹽含量	——
鈉含量	——
鉀含量	——
鎂含量	——
鈣含量	——

原產地
石川縣

形　狀	凝聚狀
含水量	標準
製　程	天日／平鍋
原　料	海水

TASTE!

帶有如濃郁奶油般的甜味與鮮味。入口即化，但餘韻較長，鮮味會殘留在舌尖上

建議搭配的食材&料理

使用奶油或乳製品製成的料理、油脂豐腴的白身魚、直接當成下酒佐料

製鹽師用力將自己提來的海水順勢潑灑在鋪滿沙子的鹽田裡。憑藉熟練的技巧灑得十分均勻。

價格／100g包裝 400日圓（含稅）
揚濱鹽田 角花家
石川県珠洲市清水町1-58-27
tel.0768-87-2857

石川縣珠洲市最具代表性的揚濱式製鹽法，是日本最古老的鹽田法，還被指定爲國家重要無形民俗文化財，是一門文化價值極高的技術。當時全國的鹽田因爲專賣制度的推行而陸續廢晒，據說角花菊太郎先生所擁有的製鹽技術與製法獲得高度評價，成爲全日本唯一獲允以研究爲目的而繼續製鹽的人。自此，角花家的歷代祖先便一直遵循從江戶時代初期延續下來的傳統製法。揚濱式鹽田的文化價値與角花家投入製鹽的姿態，也成爲電影與電視劇中的典範。

目前是由第5與第6代的當家負責製鹽事業。受到天候的影響，陰天或頻繁下雪的冬季較難生產，因此主要是於春夏兩季進行，然而產量有限。猶如優質奶油般，溶化後的口感絕佳。風味獨特，甜味與濃郁的層次感餘韻無窮。

備齊各項條件才產出的稀少海鹽

珠洲結晶鹽

石川

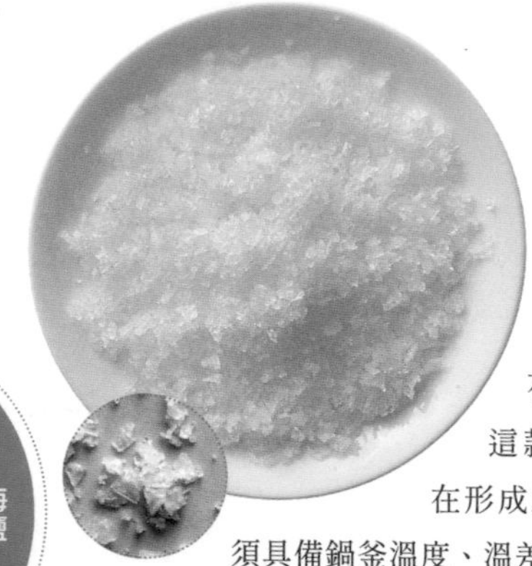

能登的海洋。

採取傳統製法，將海水澆淋在竹簾上加以濃縮，再花費2～3天熬煮。這款珠洲結晶鹽便是在形成結晶的過程之中，須具備鍋釜溫度、溫差等各項條件時才能取得的稀有結晶成品。片狀的結晶有著鬆脆的輕盈口感，在舌尖上迅速化開後，可一點一點感受鮮味的餘韻。適合在料理上桌前撒上少許或是直接作爲下酒佐料來品嚐。

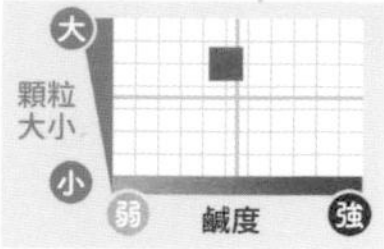

DATA

		形　狀	片狀
		含水量	標準
鹽含量	93.4g	製　程	天日／平鍋
鈉含量	36.8g	原　料	海水

TASTE!

餘味有股恰到好處的苦味。餘韻較長且鮮味濃郁

建議搭配的食材&料理

香煎或燒烤白身魚、生魚片、烏賊生魚片、蔬菜沙拉、直接作為下酒佐料

價格／100g包裝 505日圓
新海產業股份有限公司
石川県珠洲市
長橋町15-18-11
tel.0768-87-8140

透過低溫培育結晶的獨家製法所製作

輪島海鹽

石川

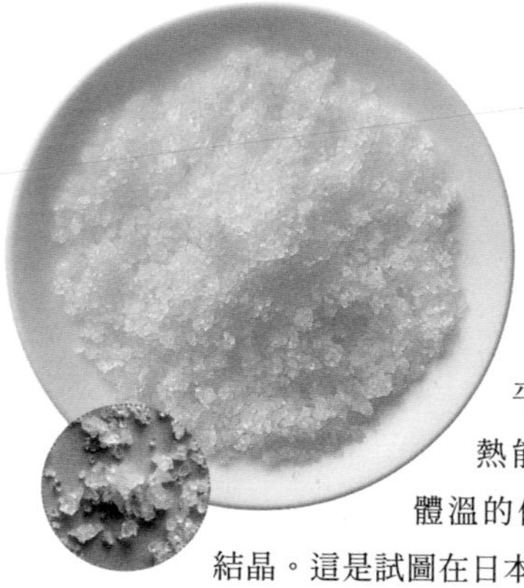

代替太陽的燈具。

這款鹽的製法獨特，是用燈光近距離照射倒入淺底平鍋的海水，利用熱能與風力，在接近體溫的低溫下慢慢濃縮並結晶。這是試圖在日本室內重現如法國戶外鹽田「給宏德」海鹽般而衍生出的製法。完成的鹽先依採收順序進行分類，最後再加以混合攪拌，藉此達到絕妙的礦物質比例。有促進食材發酵與熟成之效而頗受好評，連頂級廚師都愛不釋手。

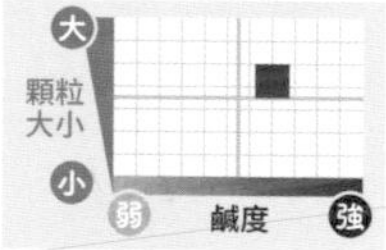

DATA

		形　狀	凝聚狀
		含水量	標準
鹽含量	88.9g	製　程	平鍋
鈉含量	35.0g	原　料	海水

TASTE!

鹹味之後會湧現令人愉悅的苦味與鮮味。餘味轉瞬即逝

建議搭配的食材&料理

製作發酵食品、蔬菜沙拉、葡萄柚

價格／100g包裝 500日圓
美味與健康股份有限公司
石川県輪島市
河井町23-1-97
tel.0768-22-0868
http://www.wajimanokaien.com/

可在揚濱式鹽田裡體驗製鹽

奧能登揚濱鹽

石川

這款鹽是由被稱作濱士的製鹽師所生產的鹽。海水在揚濱式鹽田裡經過濃縮後，利用平鍋熬煮6小時，過濾後再花18小時炊煮而成。冬季製鹽難度高，所以是產量較少的稀有海鹽。該企業還有經營「珠洲鹽田村道路休息站」，亦有提供製鹽體驗（須預約）。

TASTE! 有較強的苦味與鮮奶般的甜味，餘韻並不長

建議搭配的食材&料理 鹽味鮮奶冰淇淋、鹽烤白身魚、鹽飯糰

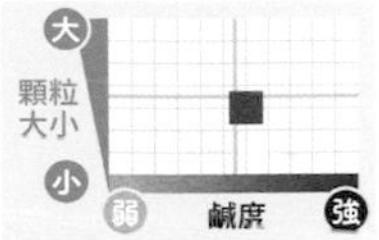

DATA

鹽含量（78.7g）

鈉含量 31.0g

形　狀 凝聚狀

含水量 標準

製　程 天日／平鍋

原　料 海水

價格／50g包裝 400日圓（含稅）

奧能登鹽田村股份有限公司
石川県珠洲市清水町1-58-1
tel.0768-87-2040

富含鎂等礦物質的海鹽

珠洲之海 揚濱

石川

位於珠洲市的揚濱式鹽田之一。能登海域因位於寒流與暖流交會處而營養豐富，這款鹽便是在揚濱式鹽田中濃縮能登海域的海水，並透過平鍋法炊煮所形成的結晶。鈉含量低而滋味溫潤，鎂與鉀等礦物質成分高，味道較爲複雜。

TASTE! 極強烈的苦味之後，會釋出濃郁的鮮味與甜味

建議搭配的食材&料理 油脂較多的燒烤豬肉、番茄等味道濃郁的蔬菜

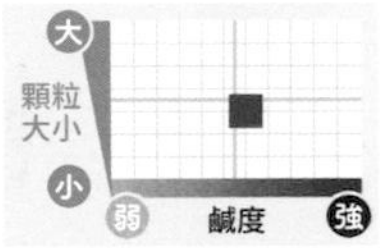

DATA

鹽含量 85.7g

鈉含量 33.7g

形　狀 凝聚狀

含水量 標準

製　程 天日／平鍋

原　料 海水

價格／100g包裝 450日圓

珠洲製鹽股份有限公司
石川県珠洲市長橋町13-17-2
tel.0768-87-8080
http://www.suzuseien.jp/

甜鮮味兼具的鹽，有不少廚師愛好者

大谷鹽

石川

這款鹽出自濱士中前賢一先生之手。他試過幾個地點後，「終於找到一個地方能產出令人滿意的鹽」，並在現址重現傳統的揚濱式鹽田，持續遵循著傳統製法來製鹽。帶有濃郁甜味與如奶油般的層次感，用來製作鹹味甜點再適合不過。

TASTE! 有溫潤的鹹味、奶油般的甜味、鮮味與層次感

建議搭配的食材&料理 使用乳製品製成的甜點、鹽飯糰、油脂較多的豬肉

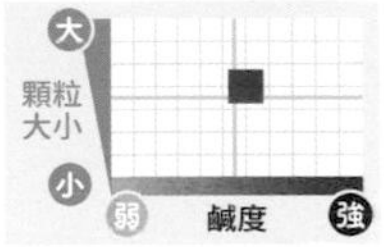

DATA

鹽含量 92.1g

鈉含量 32.2g

形　狀 凝聚狀

含水量 濕潤

製　程 天日／平鍋

原　料 海水

價格／100g包裝 400日圓

中前製鹽
石川県珠洲市
長橋町15-18-2
tel.0768-87-8020

適合當佐料的香醇片狀鹽

鉢崎鹽

`石川`

鉢崎海岸以獲選爲「日本水濱100選」的美景著稱，這款海鹽便是透過平鍋法慢慢熬煮該海域的海水，使其濃縮並結晶。鹹味適中且結晶呈細小的片狀，可享受鬆脆的口感，所以建議作爲頂飾配料或下酒菜。

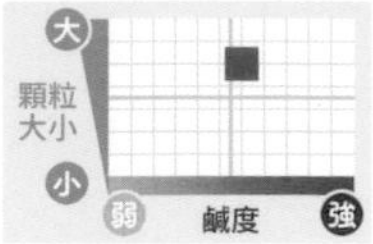

TASTE!	味道別具溫度且散發淡淡的香氣
建議搭配的食材&料理	加熱過的日本酒之佐料、鹽烤白身魚

原產地
石川縣

DATA
鹽含量
（97.5g）
鈉含量
38.4g

形　狀　片狀
含水量　標準

製　程　平鍋
原　料　海水

價格／100g包裝 400日圓
（含稅）
鉢崎製鹽
石川県珠洲市鉢ヶ崎
tel.0768-82-1266

適合搭配炸物的鹹味與苦味

花之鹽

`石川`

此爲「珠洲結晶鹽」（p.64）的姊妹商品。唯有鍋釜溫度、溫差等特定條件俱備時才能取得，是稀有的金字塔型海鹽。扎實的鹹味與苦味可緩解炸豬排等炸物的油膩感，還可進一步襯托出食材的鮮味。鬆脆的口感也是一大特色。

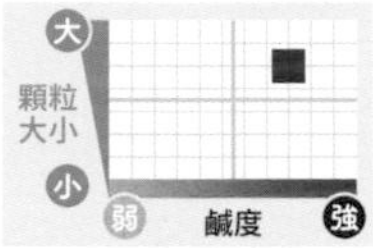

TASTE!	鹹味與苦味強烈卻爽口且具透明感
建議搭配的食材&料理	炸豬排等炸物

原產地
石川縣

DATA
鹽含量
93.4g
鈉含量
36.8g

形　狀　金字塔狀
含水量　乾燥

製　程　天日／平鍋
原　料　海水

價格／100g包裝 1000日圓
新海鹽產業 有限公司
石川県珠洲市
長橋町15-18-11
tel.0768-87-8140

以純淨冷泉製成而帶甜味的鹽

輪島鹽

`石川`

這款鹽是從輪島海域定點汲取海水，據說汲水點有冷泉從海底湧出，並在傳統的揚濱式鹽田中製鹽。鮮味與甜味強烈，不過受到酸味的影響而十分爽口且餘味暢快。亦可在製鹽廠報名參加製鹽體驗。

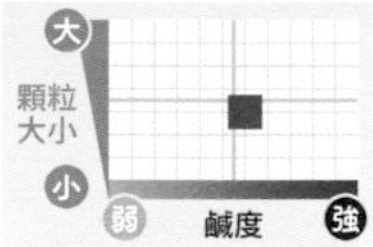

TASTE!	如醋般的酸味、濃郁鮮味，還有乳製品般的甜味
建議搭配的食材&料理	油脂較多的燒烤牛肉、使用乳製品製成的甜點

原產地
石川縣

DATA
鹽含量
（91.9g）
鈉含量
36.2g

形　狀　凝聚狀
含水量　標準

製　程　天日／平鍋
原　料　海水

價格／80g包裝 389日圓
輪島製鹽股份有限公司
石川県輪島市
町野町大川ハ17-2
tel.0768-32-1177
http://www.wajimashio.jp/

海鹽

柔和的純白結晶

日本海之鹽 白色鑽石

新潟

引以為傲的薄型平鍋。

富樫秀一先生繼承了父親的志向而成爲製鹽師，並於新潟縣最北部與山形縣交界處的海岸生產這款鹽。如這款鹽的產品名所示，純白的顆粒如鑽石般閃耀，是以柴火不疾不徐地熬煮富含礦物質的日本海海水，再於隔水加熱的薄型平鍋中緩慢形成結晶。在以鍋釜炊煮的過程中穿插靜置程序來去除雜質。結晶的觸感蓬鬆，手指一壓就碎。

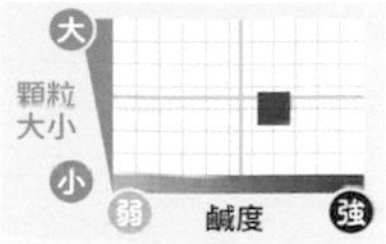

DATA

		形　狀	凝聚狀
		含水量	標準
鹽含量	89.5g	製　程	平鍋
鈉含量	35.2g	原　料	海水

TASTE!

恰到好處的鹹味、柔和的甜味與鮮味、海潮香味

建議搭配的食材&料理

鹽煮白身魚或生魚片、鹽烤魚類

價格／120g包裝 400日圓
礦物質工房
新潟県村上市中浜1076-2
tel.0254-77-2993
http://www.shiroi-diya.com/

匯集如花瓣的結晶之稀有海鹽

花鹽

新潟

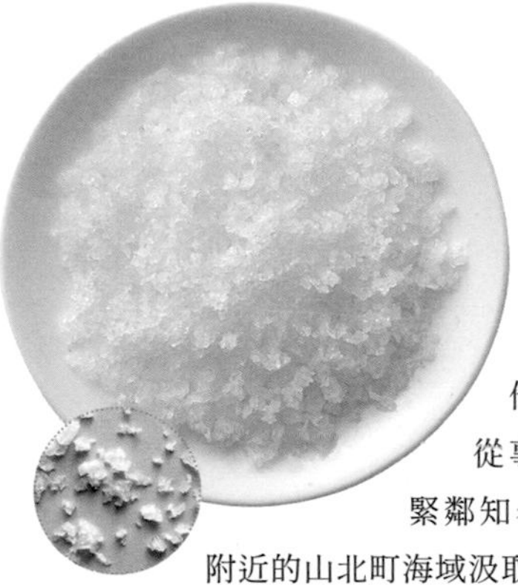

山北町的純淨海洋。

這家製鹽廠繼承了已故佐藤寛先生的理念與技術，他是最早在村上市從事製鹽業的人。從緊鄰知名風景勝地笹川流附近的山北町海域汲取海水，再以燒柴加熱的平鍋慢慢炊煮成結晶。這款鹽便是僅從中提取條件俱備時，才會形成的花瓣狀結晶並集結而成的稀有品。偏大而硬脆的顆粒與細小顆粒混合而成的獨特口感爲一大特色。

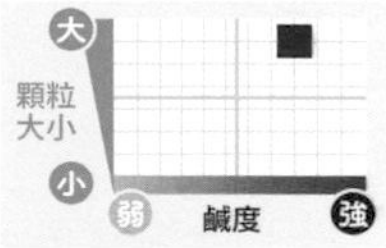

DATA

		形　狀	片狀
		含水量	標準
鹽含量	86.2g	製　程	平鍋
鈉含量	33.9g	原　料	海水

TASTE!

有扎實的鹹味與令人愉悅的苦味、海潮香味

建議搭配的食材&料理

鹽烤鮪魚或鰹魚等油脂豐腴的赤身魚、以油脂豐腴的魚製成的魚乾

價格／400g包裝 500日圓
中濱觀光物產有限公司
新潟県村上市中浜528-1
tel.0254-77-2714

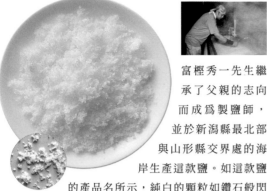

一流技術所培育出的日本海結晶

笹川流之鹽

新潟

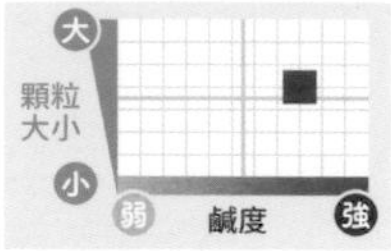

DATA

		形　狀	片狀
		含水量	乾燥
鹽含量	88.4g	製　程	天日／平鍋
鈉含量	34.8g	原　料	海水

TASTE!

有海潮香味、海水味、礦物質感與濃郁鮮味

建議搭配的食材&料理

天婦羅等炸物的沾鹽、醃漬物、白身魚的生魚片、辛口日本酒的佐料

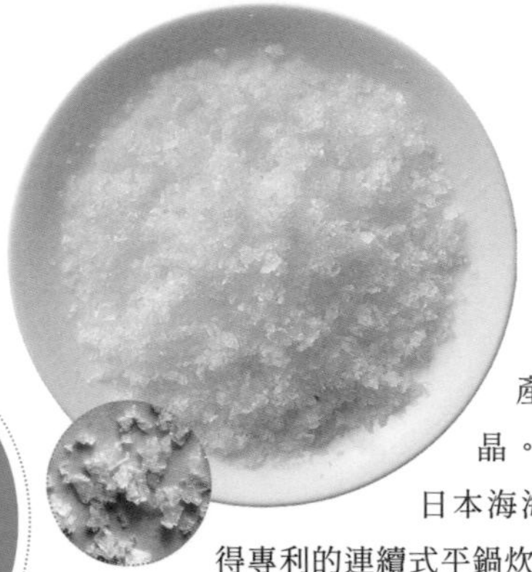

老闆佐藤柏先生獨自反覆研究出的原創鍋釜，可產出鬆脆的片狀結晶。汲取滋味豐富的日本海海水，並利用已取得專利的連續式平鍋炊煮，在未沸騰的狀態下逐漸形成結晶。據說只需控制鍋釜，即可穩定產出單次能少量成形的鹽結晶。可以產出符合預期的結晶，如此一流的技術實在不同凡響。

價格／200g包裝 280日圓

吉野屋

新潟県村上市中浜723

tel.0254-77-3240

發揮食材美味、飽含鮮味的鹽

越前鹽

福井

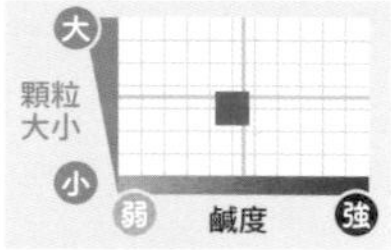

DATA

		形　狀	凝聚狀
		含水量	標準
鹽含量	（86.3g）	製　程	天日／平鍋
鈉含量	34.0g	原　料	海水

TASTE!

帶有適度鹹味與令人愉快的苦味、餘韻較長的濃郁鮮味

建議搭配的食材&料理

鹽飯糰、淺漬蔬菜

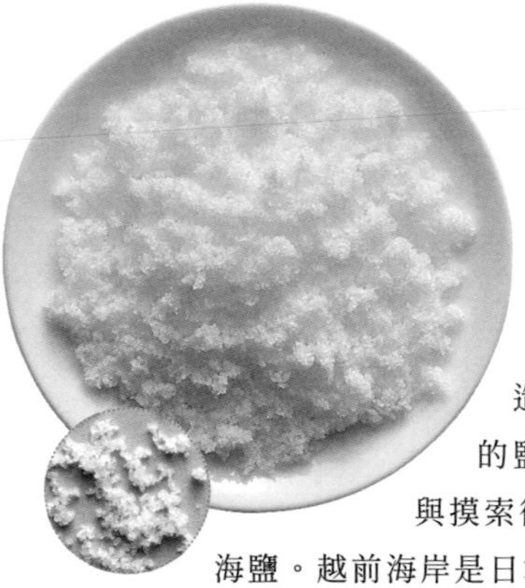

2位年輕生產者希望在堪稱食材寶庫的家鄉福井，製造可發揮食材美味的鹽，經過幾番試錯與摸索後，最終產出這款海鹽。越前海岸是日本海少數的漁場之一，他們在溫室內將海水噴灑在竹簾上，借助陽光與風力加以濃縮。之後再熬煮、去除雜質，花一整天攪拌並產出結晶。製作起來耗時費力，所以是很難大量生產的稀有海鹽。

價格／150g包裝 600日圓

越前鹽有限公司

福井県丹生郡越前町厨26-27

tel.0778-37-2553

http://www.echizensio.jp/

100%日本海既有的海洋深層水

佐渡深海鹽

新潟

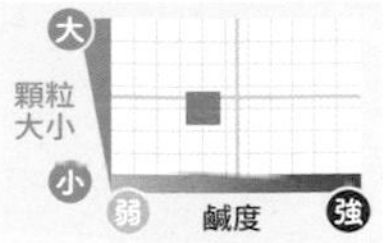

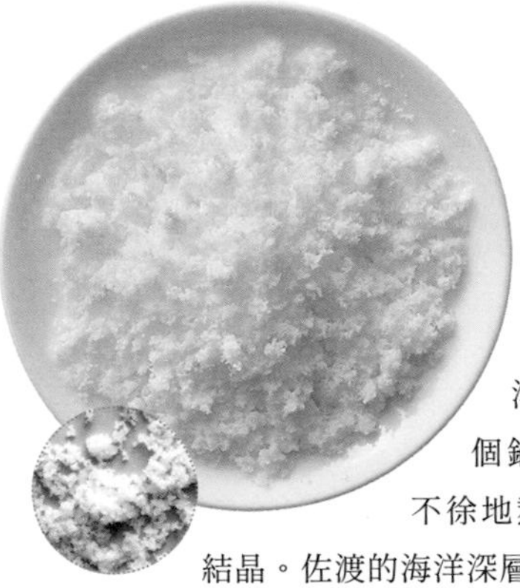

這款鹽是汲取佐渡島多田海域水深330m以下的海洋深層水，並在幾個鍋釜間移動，不疾不徐地熬煮，使其濃縮並結晶。佐渡的海洋深層水又被稱作「日本海固有水」，全年的平均水溫比太平洋一側低1℃左右，是含氧量高的新鮮深層水。含在嘴裡，會隨著結晶溶化而有各種滋味擴散開來。務必享受其複雜的豐富味道。

DATA

		形　狀	凝聚狀
		含水量	標準
鹽含量	87.3g	製　程	平鍋
鈉含量	34.3g	原　料	海水

TASTE!

有溫潤的鹹味、濃厚的甜味、顯著的鮮味。有股爽口的苦味

建議搭配的食材&料理

白身魚、干貝、番茄等味道濃郁的蔬菜、雞蛋料理、蜂蜜

價格／70g包裝 250日圓
佐渡海洋物產股份有限公司
新潟県佐渡市多田字大平43
tel.0259-81-2222
http://sado-kaiyo.shop-pro.jp/

完整保留海水的餘味

鹽之花

新潟

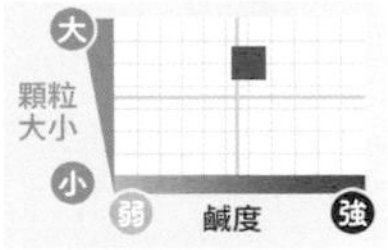

笹川流的美麗海岸被指定爲國家名勝，有家製鹽廠佇立於笹川流岸上，僅使用日本海的海水，持續炊煮15小時以製成結晶。這款鹽只採集最早形成的結晶「鹽之花」，所以結晶顆粒偏大。在嘴裡溶解的過程中，會依序感受到適度的鹹味、苦味與充滿礦物質的酸味，味道十分豐富。爲片狀結晶，可享受其硬脆的口感。

DATA

		形　狀	片狀
		含水量	乾燥
鹽含量	——	製　程	平鍋
鈉含量	——	原　料	海水

TASTE!

有海水的苦味、適度的鹹味與爽口的鮮味與甜味

建議搭配的食材&料理

鹽烤油脂豐腴的魚類、加食用油烹煮的魚、烤牛肉

價格／170g包裝 700日圓
日本海企劃有限公司
新潟県村上市勝木63-2
tel.0254-77-3009
http://www.isosio.com/index.html

復興曾進獻給天皇家的海鹽

戸田鹽

靜岡

在1500年前據說安康天皇曾用戸田鹽來養病，而後地區婦女會的有志者復興了戸田鹽。會讓完成的結晶聽著古典樂靜置一週，濾掉鹽滷水。是於2016年獲頒「總務省故鄉建設大獎」的逸品。

TASTE!	帶有溫潤的鹹味、濃郁的甜味與鮮味，餘韻清爽而短暫
建議搭配的食材&料理	鹽飯糰、雞蛋料理、高麗菜等加熱後會變甜的蔬菜

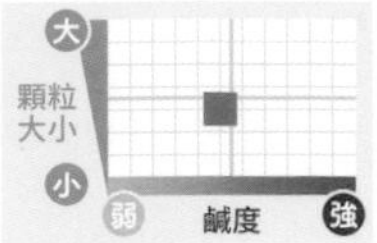

DATA

鹽含量（86.6g）

鈉含量 34.1g

形　狀	凝聚狀
含水量	濕潤
製　程	平鍋
原　料	海水

價格／180g包裝 650日圓（含稅）

NPO戸田鹽之會

靜岡県沼津市戸田3705-4

tel.0558-94-5138

http://www.npo-hedashio.jp/

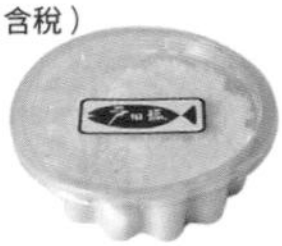

海鹽

味道比例絕佳的片狀鹽

荒鹽

靜岡

澳洲的美麗海洋鯊魚灣以及位於墨西哥下加州半島的比斯卡伊諾灣2處皆有鹽田，這款鹽便是將這些地方產出的純天日鹽溶入南阿爾卑斯的伏流水中，使其再度結晶而成的再製加工鹽。味道比例絕佳，價格也很實惠，推薦於日常使用。

TASTE!	有恰到好處的苦味與鹹味、甜味
建議搭配的食材&料理	鹽飯糰、淺漬蔬菜

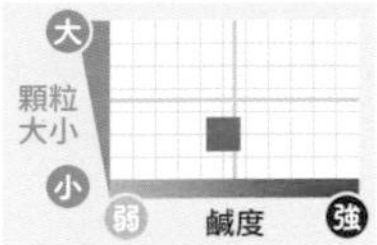

DATA

鹽含量 91.7g

鈉含量 36.1g

形　狀	片狀
含水量	濕潤
製　程	溶解／平鍋
原　料	天日鹽

價格／400g包裝 155日圓

荒鹽股份有限公司

靜岡県靜岡市駿河区広野2308

tel.054-259-3118

http://www.arashio.co.jp/

富含山區礦物質的自然鹽

遠州沖之須鹽

靜岡

據說作爲漁師町而繁榮一時的遠洲灘沖之須有一處海濱，過去曾從事製鹽業。近年來，希望復興城鎮的有志者成立了「遠洲沖之須俱樂部」，致力於恢復製鹽業。阿爾卑斯山的融雪水會經由天龍川流入大海，所以這款鹽富含山區的礦物質。

TASTE!	帶有溫潤甜味、淡淡苦味。餘韻較短
建議搭配的食材&料理	蔬菜、酥炸白身魚

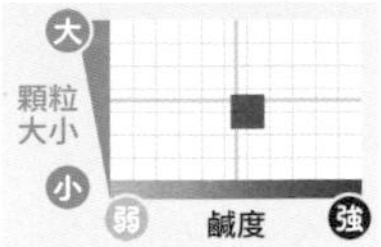

DATA

鹽含量（91.1g）

鈉含量 35.9g

形　狀	凝聚狀
含水量	標準
製　程	平鍋／乾燥
原　料	海水

價格／100g包裝 300日圓

遠洲沖之須俱樂部

靜岡県掛川市沖之須379-1

コミュニティセンター「いこい」内

tel.0537-48-5058

取自西伊豆豐饒海水製成的結晶鹽

靜岡

伊豆盛田屋的純天日鹽

心太（以海藻成分製成的軟Q條狀食品）名店「盛田屋」將店開在以豐饒海鮮魚獲著稱的西伊豆，並製造出這款純天日鹽。是將透過網架式鹽田濃縮的海水倒入結晶箱中，投注數個月的時間加以結晶，所以無法一次大量生產。稍大結晶的酥脆口感別具樂趣。

TASTE! 帶有強烈鹹味與扎實甜味。最後留下爽口的酸味

建議搭配的食材&料理 鹽飯糰、炙燒油脂豐腴的鮪魚或鰹魚

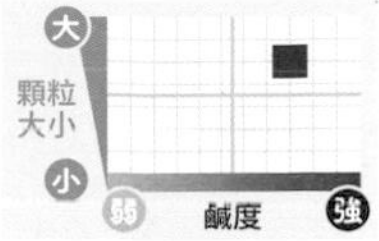

DATA

鹽含量（86.8g）

鈉含量 34.2g

形　狀 立方體

含水量 標準

製　程 天日

原　料 海水

價格／200g包裝 650日圓

伊豆的心太 盛田屋

靜岡県伊豆市八木沢1297

tel.0558-99-0014

由世界4個地區講究的鹽混合而成

靜岡

GARDENSTYLE PRECIOUS MIX

這款鹽是由靜岡縣水產加工品製造商所創造出的罕見混合鹽。法國產的海鹽、喜馬拉雅產的岩鹽、沖繩縣產的粉末鹽，以及英國產的海鹽，將味道與口感各異的4種鹽依絕妙比例混合而成。建議作為料理的最終調味鹽。

TASTE! 口感複雜，味道均衡

建議搭配的食材&料理 撒在蔬菜沙拉或生肉薄切片上

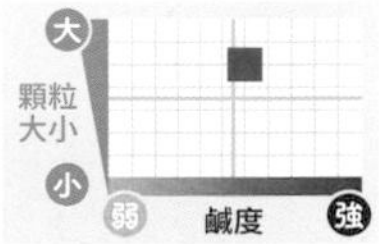

DATA

鹽含量 91.4g

鈉含量 36.0g

形　狀 粉碎狀

含水量 乾燥

製　程 混合

原　料 海鹽、岩鹽

價格／70g包裝 500日圓

三角屋水產 有限公司

靜岡県賀茂郡

西伊豆町仁科1190-2

tel.0558-52-0132

http://sankakuya.shop-pro.jp/

以枝條架式鹽田濃縮的甘味鹽

愛知

美濱鹽

這款鹽產自距離知多半島盡頭處僅一箭之遙的美濱町，據說此地自古墳時代就開始製鹽。透過枝條架式鹽田來濃縮伊勢灣的海水，並進一步花4個小時熬煮而成。帶點奶油色的顆粒富含鈣質，溫潤的鹹味、甜味、苦味與雜味形成均衡的好滋味。

TASTE! 有礦物質感、溫潤鹹味、清爽的甜味、苦味、雜味

建議搭配的食材&料理 豆類沙拉、使用馬鈴薯製成的料理、炸物

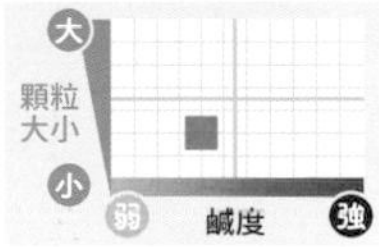

DATA

鹽含量 88.4g

鈉含量 34.8g

形　狀 凝聚狀

含水量 標準

製　程 天日／平鍋／乾燥

原　料 海水

價格／100g包裝 350日圓

飲食與健康之館

愛知県知多郡

美浜町大字小野浦字西川1

tel.0569-83-3600

http://www.shio-yakata.com/

Sea salt Japan Map 近畿～四國

Salann Oki
沖鹽
→P.78
出雲
鵜鷺藻鹽
→P.111
蠟燭島藻鹽
→P.110
濱守粗鹽
→P.77
百姓鹽
→P.78
感謝之鹽
→P.77
御鹽
→P.80
伯方之鹽（粗鹽）
→P.83
SOLASHIO
→P.80
海人藻鹽
→P.108
海之愛
→P.83
弓削鹽
→P.111
甘味鹽
→P.79
精選鹽
→P.81
室戶鹽
→P.82
土佐鹽丸
→P.79
海一粒
→P.82
室戶海洋深層水
Marine Gold鹽
→P.82
頑強哲的
天日鹽
→P.81
黑潮町
黑鹽
→P.111
山鹽小僧
→P.81

這些地區的製鹽廠數量不多，但是氣候與環境多樣，可以發現不少發揮區域性而特色豐富的鹽。

瀨戶內海沿岸的赤穗等地，自江戶時代以來便是日本的製鹽中心。如今在漂浮於瀨戶內海的群島上仍可看到這些過往的痕跡。復興古早藻鹽的製鹽廠也坐落於此。

面向外海的高知縣，已有好幾家製鹽廠著手製造日本國內較為罕見的純天日鹽。這是因為此地區的日照時間長，是僅憑藉陽光形成結晶的最佳環境；香川縣則保有珍貴的入濱式鹽田，承襲著傳統的製法。

富含礦物質的奶油色烤鹽

岩戶鹽

三重

燒柴加熱鍋釜。

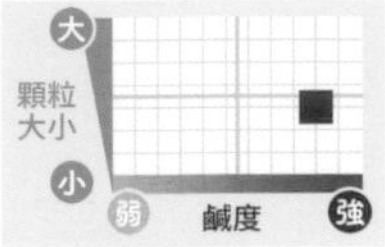

這款鹽源自於以夫妻岩聞名的伊勢市二見浦，是該地旅館「岩戶館」的老闆娘爲了家人健康而構思出的自製鹽。汲取神前海岸的海水（過去曾經是伊勢神宮御鹽的原料），以鐵製登釜熬煮約15小時。對於取水點也相當講究，比如伏流水與海水交會處等。將海水熬煮至結晶爲止，藉此形成鎂含量高的海鹽，帶點淡淡的奶油色。

DATA

		形　狀	凝聚狀
		含水量	乾燥
鹽含量	（71.6g）	製　程	平鍋／烘烤
鈉含量	28.2g	原　料	海水

TASTE!

帶有銳利的鹹味、強烈的苦味與鐵般的酸味、雜味。餘韻較短

建議搭配的食材&料理

炸牛排、炙燒鮪魚前腹肉、生牛肉薄切片

價格／125g包裝 820日圓

岩戶館股份有限公司

三重県伊勢市

二見町茶屋566-9

tel.0596-43-2122

http://www.iwatokan.com/

低鈉且鎂含量高的海鹽

鹽學舍養生鹽

三重

美麗的谷灣式海岸。

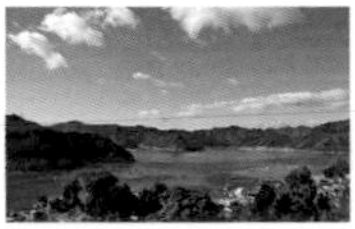

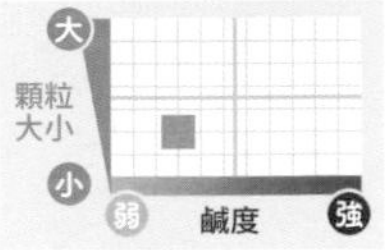

尾鷲市的熊野灘有綠意豐沛的谷灣式海岸綿延不絕，這款鹽便是以從水深415m處汲取的海洋深層水爲原料。以烘烤法製鹽以確保結晶飽含礦物質等海水成分。此法導致鹽的鈉含量比例變得極低，酸味、苦味、雜味與鮮味比鹹味還要顯著。由製鹽師加熱鍋釜手工烘烤，所以是單次產量有限的稀有海鹽。

DATA

		形　狀	粉碎狀
		含水量	乾燥
鹽含量	66.0g	製　程	立鍋／烘烤
鈉含量	26.0g	原　料	海水

TASTE!

帶有強烈的苦味與雜味。酸味顯著

建議搭配的食材&料理

酥炸苦瓜等帶苦味的蔬菜。鹹焦糖。與鮮奶一同攝取可提高鈣質吸收率

價格／50g包裝 429日圓

MOKUMOKU鹽學舍

股份有限公司

三重県尾鷲市古江町192

tel.0597-27-3030

http://www.shiogakusha.com/

海鹽

產自丹後半島的純白海鹽

琴引鹽

京都

琴引濱以鳴砂（會唱歌的砂子）而聞名，這款鹽便是由位於附近的旅館所製。以燒柴加熱的平鍋熬煮丹後半島清澈透明的海水，細心除去石灰，使其濃縮並結晶。與海鮮類的契合度絕佳。使用丹後產的海藻「神葉（馬尾藻）」製成的藻鹽也頗受歡迎。

TASTE!	有適度鹹味與酸味，餘味的層次感較強
建議搭配的食材&料理	生魚片用的烏賊或章魚、白身魚、貝類

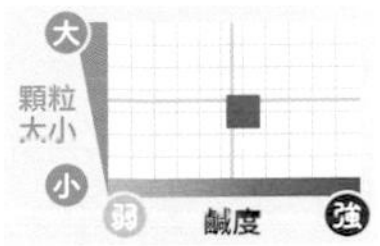

DATA

鹽含量 ——

鈉含量 ——

形　狀　凝聚狀
含水量　標準
製程　逆滲透／平鍋／乾燥
原　料　海水

價格／100g包裝 278日圓
西晶股份有限公司
京都府京丹後市網野町
三津139 丹後半島海遊
tel.0772-72-5566
http://www.tango-kaiyu.com/

濃縮淡路島的海水，製法講究

自凝滴鹽

兵庫

一如公司名稱，這款鹽是由辭職創業的年輕製鹽者所生產，特色在於溫潤的鹹味與顯著的酸味。淡路島播磨灘五色之濱的海水經過濃縮後，以訂製的鐵鍋熬煮40～50小時。最後放入杉木桶靜置，濾掉鹽滷水即完成。

TASTE!	帶苦味與源自鐵的酸味，餘味有股清爽的甜味
建議搭配的食材&料理	日式燒肉的沾鹽、炙燒鮪魚、炙燒鰹魚生魚片

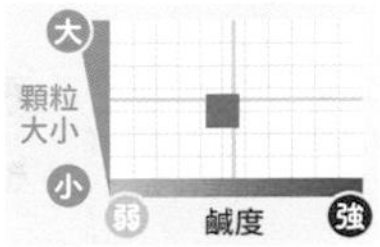

DATA

鹽含量 ——

鈉含量 ——

形　狀　凝聚狀
含水量　標準
製　程　逆滲透／平鍋
原　料　海水

價格／180g包裝 602日圓
脫離上班族工房股份有限公司
兵庫県洲本市五色町
鮎原鮎の郷452-31
tel.0799-30-2501
http://hamashizuku.com/

salt column「食鹽」也是一種商品名稱

食用鹽一般統稱爲「食鹽」或「鹽」，商品包裝背面的「品名」欄位也是如此標示，不過在日本「食鹽」其實也是一種商品名稱。鹽事業中心（財團法人）以日本國產海水爲原料，先透過離子交換膜法濃縮，再利用立鍋使其結晶，乾燥後便形成氯化鈉含量超過99%的鹽，以「食鹽」之名來販售。

Topics 稀有的「鹽之花」

使濃縮海水（鹼水）結晶時，表面最初形成的結晶即稱為「鹽之花」。大多為薄片狀結晶，產量占總產量的比例不高，被視為特別珍貴的鹽。由於狀似花瓣，在法國又稱作「Fleur de sel」、在葡萄牙稱作「Flor de sal」等等。

經過高溫處理而味道溫和

赤穗烤鹽 窯焚鹽

兵庫

這款鹽是以400℃以上的高溫烘烤日本國產海鹽，藉此讓鹽苦味的來源「鎂」產生不同變化，所以可感受到恰到好處的層次感而不帶苦味。顆粒小且乾燥，因此可以均勻遍布於食材上。味道比例絕佳，推薦於日常使用。

TASTE! 帶有溫和的鹹味、恰到好處的鮮味。餘韻較短

建議搭配的食材&料理 鹽飯糰、生菜沙拉

原產地
兵庫縣

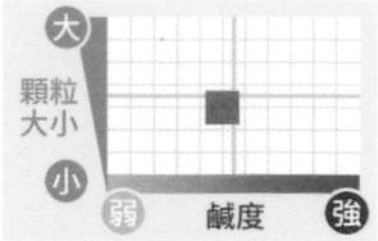

DATA

鹽含量
99.1g

鈉含量
39.0g

形　狀	粉碎狀
含水量	標準
製　程	烘烤
原　料	海鹽

價格／1kg包裝 300日圓
宮崎食鹽工業股份有限公司
兵庫県赤穂市
中広東沖1352-1
tel.0791-43-1815

採用添加鹽滷水的赤穗傳統製法

赤穗天鹽

兵庫

播磨地區的赤穗市自江戶時代起，便是採用相當重視鹽滷水的添鹽製法。這款鹽便是承襲該傳統，在日本國內以澳洲產的純天日鹽添加鹽滷水所產出的再製加工鹽。於實施專賣制度的時代，致力於振興自然鹽的這份功績已載入日本鹽史中。

TASTE! 有溫和鹹味、淡淡苦味、恰到好處的鮮味與甜味

建議搭配的食材&料理 鹽飯糰、淺漬蔬菜、可長期保存的醃漬物

原產地
兵庫縣

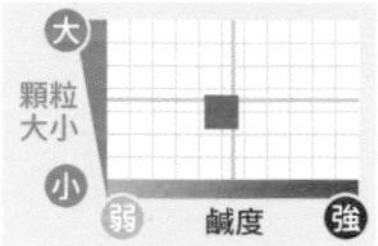

DATA

鹽含量
92.0g

鈉含量
36.0g

形　狀	立方體
含水量	濕潤
製程	洗淨／粉碎與溶解／混合立鍋
原　料	天日鹽、粗製海水氯化鎂（鹽滷水）

價格／1kg包裝 350日圓
天鹽股份有限公司
東京都新宿区
百人町2-24-9
tel.03-3371-1521

前漁夫父子製作的播磨海恩惠

家島天然鹽

兵庫

這款鹽是由前漁夫父子在西島上生產的海鹽，西島屬於漂浮於瀨戶內海的家島群島之一。汲取瀨戶內海播磨灘的海水，倒入燒柴加熱的鍋釜中，去除雜質，花約15小時使其結晶。整體味道濃郁，滋味複雜。

TASTE! 整體味道濃郁。鹹味與苦味之後，會有股酸味

建議搭配的食材&料理 窯烤鮪魚、鹽烤油脂豐腴的魚類

原產地
兵庫縣

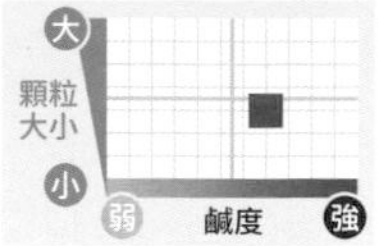

DATA

鹽含量
（95.2g）

鈉含量
35.7g

形　狀	凝聚狀
含水量	標準
製　程	平鍋
原　料	海水

價格／200g包裝 500日圓（含稅）
YAMANI水產有限公司
兵庫県姫路市
家島町宮1422-2
tel.079-325-1673

與海共存的救生員所製作的海鹽

濱守粗鹽

島根

救生員召集同伴展開製鹽事業，爲的是把透過救生行動所感受到的海洋重要性傳達給大衆。他們巡迴了廣島與沖繩等地，學習如何製鹽，在這過程中研發出現在這種適合濱田海水的製法。這款鹽便是以滲透至地下的純淨海水爲原料，並利用鍋釜炊煮而成。

TASTE! 帶有恰到好處的鹹味與鮮味，甜味的比例絕佳

建議搭配的食材&料理 白菜與小黃瓜等昆布漬物、白身魚的生魚片

原産地
島根縣

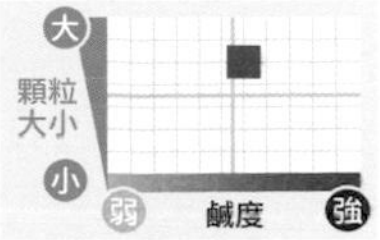

DATA

鹽含量	（96.5g）	形　狀	凝聚狀
鈉含量	38.0g	含水量	標準
		製　程	平鍋
		原　料	海水

價格／100g包裝 400日圓
濱田鹽生活協會
島根県浜田市瀬戸ヶ島町138-6
tel.0855-28-7212
http://hamamori-shop.com/

以能量景點的海水製成的鹽

感謝之鹽

廣島

這款鹽產自仙醉島，這座島位於瀨戶內海國家公園中心處，並以能量景點而聞名。將滿潮時的海水與從五色岩流出的水之恩惠封存於鹽之中。非常適合用於豆腐等清淡帶甜味的食材。於新月或滿月之日製作的海鹽也一應俱全。

TASTE! 適度的鹹味之後，會有股俐落的淡淡甜味

建議搭配的食材&料理 豆腐、鷹嘴豆泥、白身魚的生魚片

原産地
廣島縣

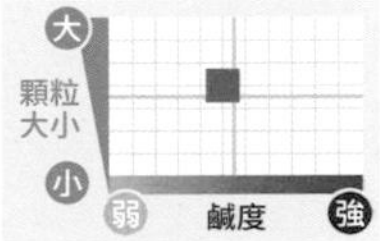

DATA

鹽含量	（83.8g）	形　狀	凝聚狀
鈉含量	33.0g	含水量	標準
		製　程	平鍋
		原　料	海水

價格／400g包裝 1200日圓
食為生命股份有限公司
広島県福山市曙町1-16-18
tel.084-954-4188
http://www.kansha.co.jp/

salt column 「鹽滷水」的巧妙用法

所謂的「鹽滷水（苦汁）」是指鹽採收後所留下的液體。是由鎂、鉀與少許鈉所構成的礦物質濃縮液，商品一般是使用「粗製海水氯化鎂」之名。極苦，但少量使用並不會影響味道，因此經常利用其蛋白質凝固作用來製作豆腐。此外，煮飯時以540毫升的米，加入4～5滴鹽滷水，即可炊煮出蓬鬆的米飯。滲透性強，少量加入燉煮料理可使食材更入味等等，運用方式十分多樣。還具備高保濕力，建議可以代替浴鹽使用。

重視與自然和諧相融的鹽

百姓鹽

山口

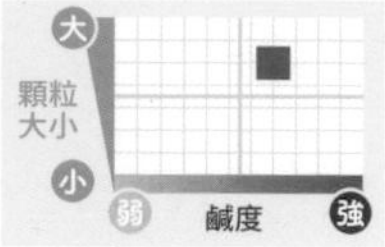

讓結晶靜置熟成的杉木桶。

百姓庵位於自然豐饒的油谷島，以自給自足為目標，並致力於製作自然鹽。這款鹽便是從海洋與森林營養交混的半鹹水海域汲取海水，並花20天左右透過流下式鹽田與平鍋加以濃縮與結晶。充分攪拌以調整礦物質的比例，並放入杉木桶中靜置熟成即完成。據說相當重視鹽的味道，完全隨著大自然的更迭與季節變化而異。還會兼顧環境保護，比如淨灘或廢材利用等。

DATA

		形　狀	凝聚狀
		含水量	濕潤
鹽含量	——	製　程	天日／平鍋
鈉含量	——	原　料	海水

TASTE!

鹹味較強，味道厚實。有土味以及清爽的酸味

建議搭配的食材&料理

白蘿蔔的漬物、根莖類蔬菜、烤飯糰、蔬菜湯

價格／100g包裝 1000日圓
百姓庵
山口県長門市
油谷向津具下1098-1
tel.0837-34-0377
http://hyakusho-an.com/

包覆食材、溶化口感絕佳的鹽

Salann Oki 沖鹽

島根

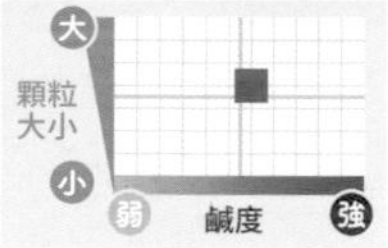

自然景觀豐饒的中之島。

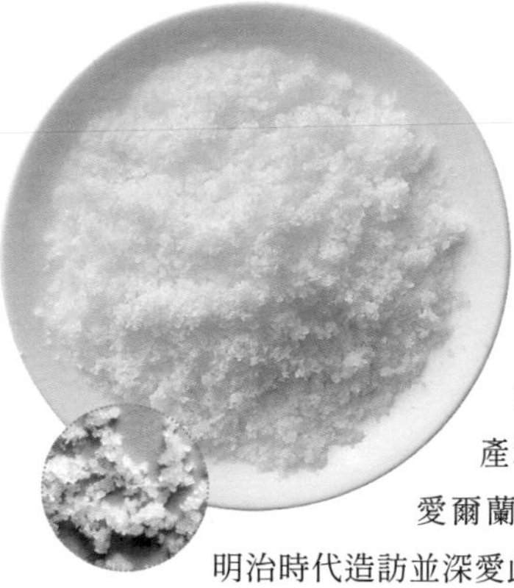

隱岐群島的中之島漂浮於島根半島海域的60km處，即是這款鹽的產地。「Salann」為愛爾蘭語中的鹽，是由於明治時代造訪並深愛此地的愛爾蘭人文學家小泉八雲所命名。從對馬暖流的豐饒海水中孕育出的結晶偏大、入口即化，恰到好處的鹹度之後，會有一股令人愉快的苦味與清爽的鮮味擴散，又迅速消散。

DATA

		形　狀	凝聚狀
		含水量	標準
鹽含量	91.4g	製　程	天日／平鍋／天日
鈉含量	36.0g	原　料	海水

TASTE!

帶有強烈但令人愉快的苦味以及清爽的鮮味。餘韻較短

建議搭配的食材&料理

鹹水雞、生菜拌食用油

價格／35g包裝 400日圓
故鄉海士 股份有限公司
島根県隠岐郡
海士町福井1524-1
tel.08514-2-1105
http://www.shimakazelife.com/

日本純天日鹽的製造先驅

甘味鹽

高知

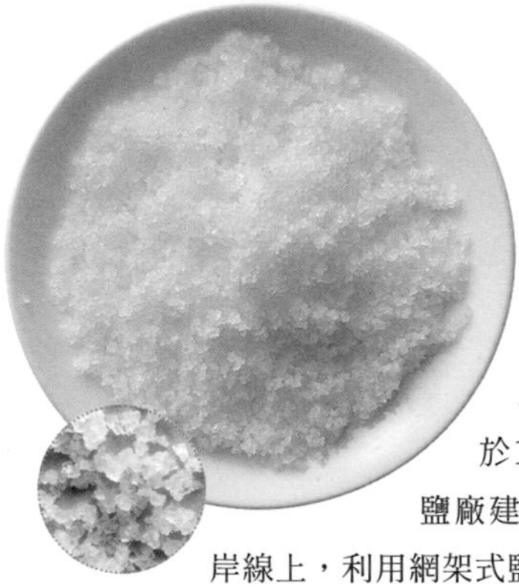

製鹽師小島正明先生在實施專賣制度期間取得了實驗製造的許可後，於1982年創業。將製鹽廠建於坐望太平洋的海岸線上，利用網架式鹽田濃縮海水，之後再移入溫室內成排並列的結晶箱中，每天觀察鹽的狀態，僅憑藉著陽光與風力使其形成結晶。扎實的甜味與鮮味之中帶有恰到好處的雜味，味道複雜而厚實。

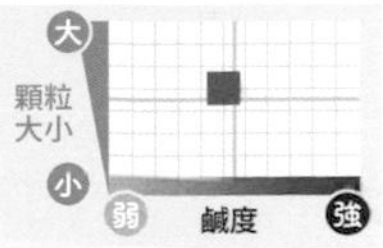

DATA

		形　狀	立方體
		含水量	濕潤
鹽含量	89.0g	製　程	天日
鈉含量	35.0g	原　料	海水

TASTE!

帶有扎實的甜味與鮮味、雜味

建議搭配的食材&料理

使用乳製品或雞肉等白色食材製成的料理

價格／150g包裝 457日圓
土佐甘味屋
高知県幡多郡黒潮町佐賀34
tel.0880-55-3402

仿彿封存整座土佐海洋的強勁風味

土佐鹽丸

高知

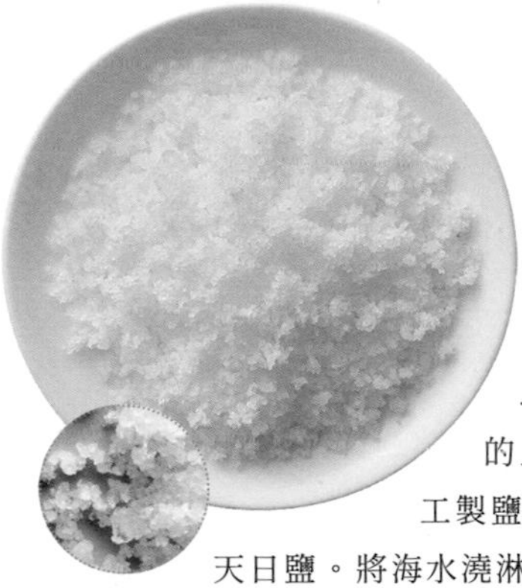

坐望壯闊大自然的製鹽廠。

第二代製鹽師吉田拓丸先生繼承了父親的家業，於以竿釣鰹魚而聞名的土佐黒潮町從事手工製鹽業，培育出這款純天日鹽。將海水澆淋在竹簾上加以濃縮後，在結晶箱中天天攪拌，僅憑藉陽光與風力使其結晶。並未用火加熱，所以鹽裡保留了大量的鎂，可感受到扎實的苦味與酸味。亦帶鮮味，最適合搭配蔬菜或製作發酵食品。

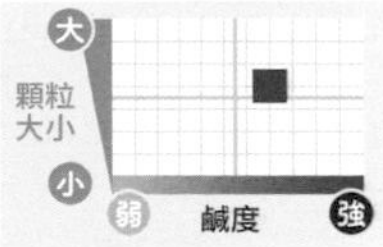

DATA

		形　狀	片狀
		含水量	濕潤
鹽含量	77.2g	製　程	天日
鈉含量	30.4g	原　料	海水

TASTE!

有較強的鹹味、扎實的酸味與苦味。餘韻有源自鎂的鮮味

建議搭配的食材&料理

烤蔬菜、製作發酵食品、蔬菜炸物

價格／200g包裝 650日圓
Saltybe有限公司
高知県幡多郡黒潮町灘333
tel.0880-55-3226

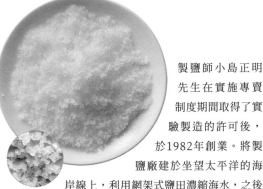

復興日本罕見的入濱式鹽田

宇多津 入濱式之鹽

香川

宇多津町在明治時代相當盛行製鹽業。於1988年復興了入濱式鹽田，此鹽田當時曾是該町的象徵地標。這款鹽便是使用瀨戶內海的海水，並依循古法製作而成。味道溫和而圓潤，在嘴裡綿延不絕。

TASTE! 有溫潤的鹹味、持久而扎實的酸味。餘韻有股甜味

建議搭配的食材&料理 使用乳製品製成的料理、香煎雞肉或有些許油脂的白身魚

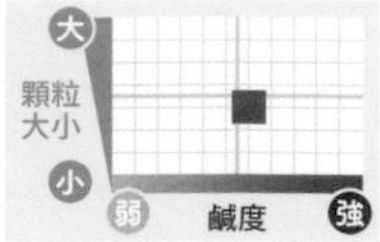

DATA

鹽含量
（93.4g）

鈉含量
36.8g

形　狀 凝聚狀
含水量 標準
製　程 天日／平鍋
原　料 海水

價格／200g包裝 482日圓
一般財團法人
宇多津町振興財團
香川県綾歌郡宇多津町浜一番丁4
tel.0877-49-0860
http://www.uplaza-utazu.jp/umihotaru

海鹽

重振小豆島的製鹽業

御鹽

香川

漂浮於瀨戶內海的小豆島，曾是僅次於赤穗的鹽產地，卻隨著時代變遷而日漸式微。近年才由住在當地的蒲氏夫妻重振往日榮景，兩人齊心協力投入製鹽業。這款鹽便是利用平鍋來煎煮以流下式鹽田濃縮的海水，為求與食材和諧相融而對顆粒形狀格外講究。

TASTE! 有瞬間強烈的鹹味，酸味、甜味與鮮味則較持久

建議搭配的食材&料理 番茄等濃郁蔬菜的炸物、牛排

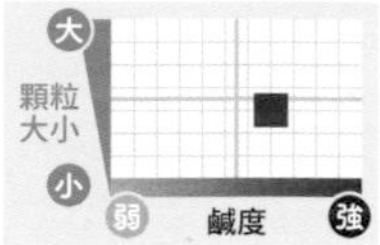

DATA

鹽含量
——

鈉含量
——

形　狀 凝聚狀
含水量 標準
製　程 天日／平鍋
原　料 海水

價格／100g包裝 520日圓
波花堂
香川県小豆郡
小豆島町田浦甲124
tel.0879-82-3665

強勁且濃郁的甜味令人折服

SOLASHIO

香川

這款純天日鹽產自瀨戶內海的直島群島，據說從遠古的卑彌呼時代起便持續從事製鹽業。在7m的高架中噴灑霧狀的海水，濃縮後即倒入成排並列的結晶箱中加以結晶。含有大量鹽滷水，溫潤而強烈的甜味令人印象深刻。

TASTE! 極其強烈且濃郁的甜味相當持久

建議搭配的食材&料理 鹹味甜點、鹹麵包、加熱後會變甜的蔬菜、鮮奶

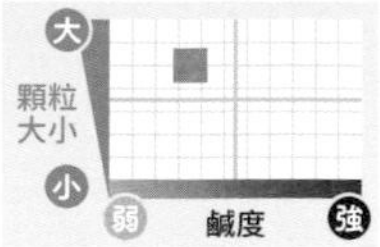

DATA

鹽含量
86.3g

鈉含量
34.0g

形　狀 立方體
含水量 濕潤
製　程 天日
原　料 海水

價格／100g包裝 500日圓
（含稅）
NPO法人直島町觀光協會
香川県香川郡直島町2249-40
tel.087-892-2299
http://www.naoshima.net/omiyage/tokusan/

產自四萬十川山區的純天日海鹽

山鹽小僧

高知

不斷尋找理想的製鹽環境，最終落腳於四萬十川中游的深山村落。將海水運至山中，在有茂密林木適度遮擋而顯得柔和的陽光下，慢慢濃縮與結晶。從頭到尾全靠日曬，所需時間依季節而異，有時得花3個月才能採收，是相當珍貴的鹽。

TASTE! 有較強的鹹味、強烈但圓潤順口的苦味

建議搭配的食材&料理 清炸根莖類蔬菜、炸牛排

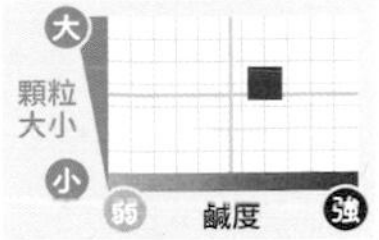

DATA

鹽含量 ——

鈉含量 ——

形　狀 凝聚狀
含水量 濕潤
製　程 天日
原　料 海水

價格／240g包裝 600日圓

鹽之邑
高知県高岡郡
四万十町上岡95
tel.0880-26-0369

僅憑海水、陽光與海風來製鹽

頑強哲的天日鹽

高知

這款純天日鹽出自「異骨相」的生產者濱田哲男先生之手，「異骨相」在土佐方言中意指酒豪或頑強而有骨氣的男人。將海水運上山，流入網架式鹽田中，隨後每天用手揉搓，並憑藉陽光之力加以濃縮與結晶。完整保留了海洋風味而味道強勁。

TASTE! 有強烈酸味與扎實鹹味，餘味則有順口的苦味

建議搭配的食材&料理 油脂較多的赤身肉、鹽煮番薯、自製鮪魚醬

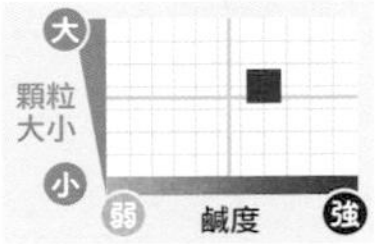

DATA

鹽含量 86.0g

鈉含量 34.0g

形　狀 立方體
含水量 標準
製　程 天日
原　料 海水

價格／160g包裝 500日圓

頑強哲 天日鹽
高知県幡多郡
黒潮町佐賀上灘山3213-5
tel.0880-55-2828

如柑橘般清爽的酸味

精選鹽

高知

這款鹽是採用不斷嘗試錯誤後終於摸索出的製法——從坐望太平洋的土佐玉無濱汲取海水，在網架式鹽田中濃縮，隨後先粗略加熱以去除鈣成分，接著再度倒入平鍋中持續攪拌一整天，使其結晶。是酸味與甜味等達到絕佳平衡的海鹽。

TASTE! 如柑橘般的酸甜味、令人愉快的苦味、恰到好處的鮮味

建議搭配的食材&料理 生的白身魚、香煎豬肉或雞肉、水果

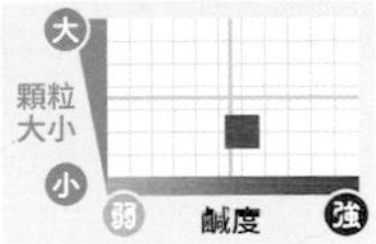

DATA

鹽含量 91.3g

鈉含量 35.9g

形　狀 凝聚狀
含水量 標準
製　程 天日／平鍋
原　料 海水

價格／230g包裝 400日圓

海工房 有限公司
高知県幡多郡
黒潮町浮鞭3369-13
tel.0880-43-1432

帶有溫潤鮮味與甜味的自然鹽

海一粒

高知

這款純天日鹽是產自企業合作社，該合作社是由多名黑潮町女性居民所組成的。利用網架式鹽田濃縮海水，再借助日晒之力逐漸濃縮並結晶。濃度提高至30%左右後即採收，因此鎂與鉀的含量略高，帶有溫潤的甜味。

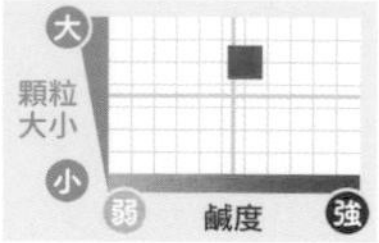

DATA

鹽含量（86.3g）

鈉含量 34.0g

形　狀	立方體
含水量	標準
製　程	天日
原　料	海水

價格／100g包裝 360日圓（含稅）
Salt-Bee 企業合作社
高知県幡多郡黑潮町熊野浦
tel.0880-55-2040
http://salt-bee.net/

TASTE!	有溫潤甜味、濃郁鮮味、適宜酸味、微微苦味
建議搭配的食材&料理	涼拌番茄、燒烤或香煎豬肉

原料是室戶岬1000m處的深層海水

室戶鹽

高知

於室戶岬海域1000m深處流動的深層水，在撞上岩壁後會往上湧至深約300m處，這款鹽便是從該處汲取室戶的海洋深層水作爲原料。透過逆滲透法與濃縮裝置加以濃縮，並進一步利用鍋釜加熱1天使其結晶。味道濃郁卻爽口且餘味清爽。

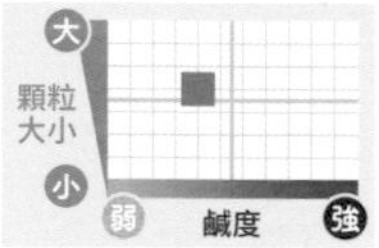

DATA

鹽含量 89.0g

鈉含量 35.1g

形　狀	凝聚狀
含水量	標準
製　程	逆滲透／平鍋
原　料	海水

價格／1000g包裝 700日圓
室戶海洋深層水股份有限公司
高知県室戸市
室戸岬町3476-1
tel.0887-22-3202
http://www.e-mks.jp/

TASTE!	有濃郁鮮味與甜味、溫潤鹹味、爽口酸味
建議搭配的食材&料理	帶皮雞肉、油脂豐腴的白身魚、西瓜等瓜果類

適合搭配蔬菜的甜味與溫潤感

室戶海洋深層水 Marine Gold鹽

高知

這款鹽是以海洋深層水所製成，汲取自室戶岬海域的374m深處。透過逆滲透法與平鍋法使海水結晶，再利用遠紅外線加熱，最終形成片狀。鎂含量豐富卻無苦味，濃郁的鮮味令人印象深刻。酸味爽口，味道的餘韻則較短。

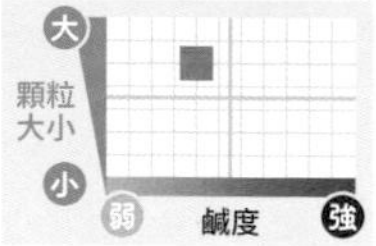

DATA

鹽含量 96.4g

鈉含量 37.9g

形　狀	片狀
含水量	標準
製程	逆滲透／平鍋／乾燥
原　料	海水

價格／100g包裝 380日圓
Marine Gold股份有限公司
高知県室戸市
室戸岬町3507-22
tel.0887-23-3377
http://www.marine-gold.co.jp/

TASTE!	溫潤鹹味、較強的酸味與甜味、濃郁鮮味
建議搭配的食材&料理	蔬菜乾、番茄、油脂較少的赤身肉類或魚類

鹽裡保留了適度的大海恩惠「鹽滷水」

愛媛

伯方之鹽（粗鹽）

在專賣制度時期，爲了更接近以傳統枝條架式鹽田製造出的鹽，便以日本的海水溶解產自澳洲或墨西哥的天日鹽，再重新濃縮與結晶，使其含有恰到好處的鹽滷水。價格較低，所以很適合用於醃漬物等需要大量用鹽的時候。

TASTE! 有稍強的鹹味，餘味有扎實的苦味與鮮味

建議搭配的食材&料理 炸豬排或使用絞肉製成的可樂餅等炸物、醃漬物

原產地
愛媛縣、墨西哥與澳洲

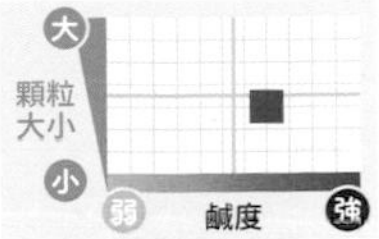

DATA

鹽含量	95.2g	形　狀	凝聚狀
鈉含量	37.5g	含水量	濕潤
		製　程	溶解／立鍋／平鍋
		原　料	天日鹽、海水

價格／1kg包裝 370日圓
伯方鹽業股份有限公司
愛媛県松山市
大手町2-3-4
tel.089-943-4140
http://www.hakatanoshio.co.jp/

重現自古傳承的直火製法

愛媛

海之愛

在瀨戶內海忠實重現從古墳時代初期以來所採用的直煮製法，讓瀨戶內海的海水在燒柴加熱的平鍋中慢慢濃縮並結晶。這款鹽的結晶呈小片狀，鬆脆的口感別具樂趣。苦味較強，適合搭配炸物。

TASTE! 極強的鹹味之後，會有草藥般的苦味。餘味暢快

建議搭配的食材&料理 炸豬排等炸物、野菜天婦羅

原產地
愛媛縣

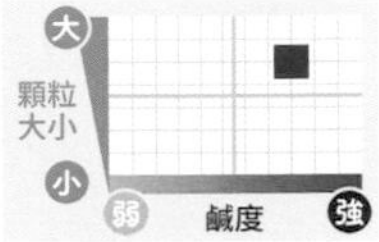

DATA

鹽含量	——	形　狀	片狀
鈉含量	——	含水量	乾燥
		製　程	平鍋
		原　料	海水

價格／60g包裝 380日圓
TOMO企劃股份有限公司
愛媛県松山市
喜与町2-4-11
tel.089-931-4447
http://www.himenosato.com/

散發海潮香味的酥脆小片狀鹽

德島

海部乃鹽

這家製鹽廠正面面向黑潮流經的壯闊太平洋。使用特製的多段式平鍋不疾不徐地熬煮約1週，產出細緻的片狀結晶。口感酥脆，咀嚼便會有股淡淡的海潮香味擴散開來。使用海藻製成的「海部藻鹽」（p.109）也很受歡迎。

TASTE! 恰到好處的鹹味、海潮香味，乾淨無雜味

建議搭配的食材&料理 使用海藻製成的料理、鯖魚

原產地
德島縣

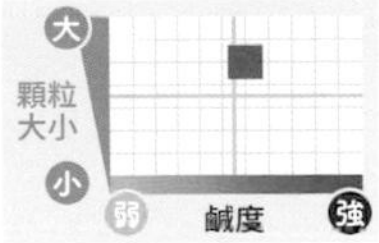

DATA

鹽含量	81.3g	形　狀	片狀
鈉含量	32.0g	含水量	乾燥
		製　程	平鍋
		原　料	海水

價格／80g包裝 600日圓
海部・SALT
徳島県海部郡
海陽町中山字チウゲ5
tel.0884-73-4140
http://www.kaifusalt.com

海鹽

Sea salt Japan Map 九州～沖繩

由於日照時間較長，加上沿海地理環境上的優勢，這些地區特別盛行製鹽業，還有好幾家製鹽廠雖然規模不大，卻致力於生產格外講究的鹽。

長崎縣的五島列島、熊本縣的天草周邊，以及宮崎縣的日向周邊。大多採行活用平鍋或日晒等製鹽法。此外，沖繩縣的製鹽廠數量居日本之冠，產出的鹽逾百種，至於離島地區則較容易取得不受生活廢水影響的純淨海水，所以一座島上有多家製鹽廠也不稀奇。

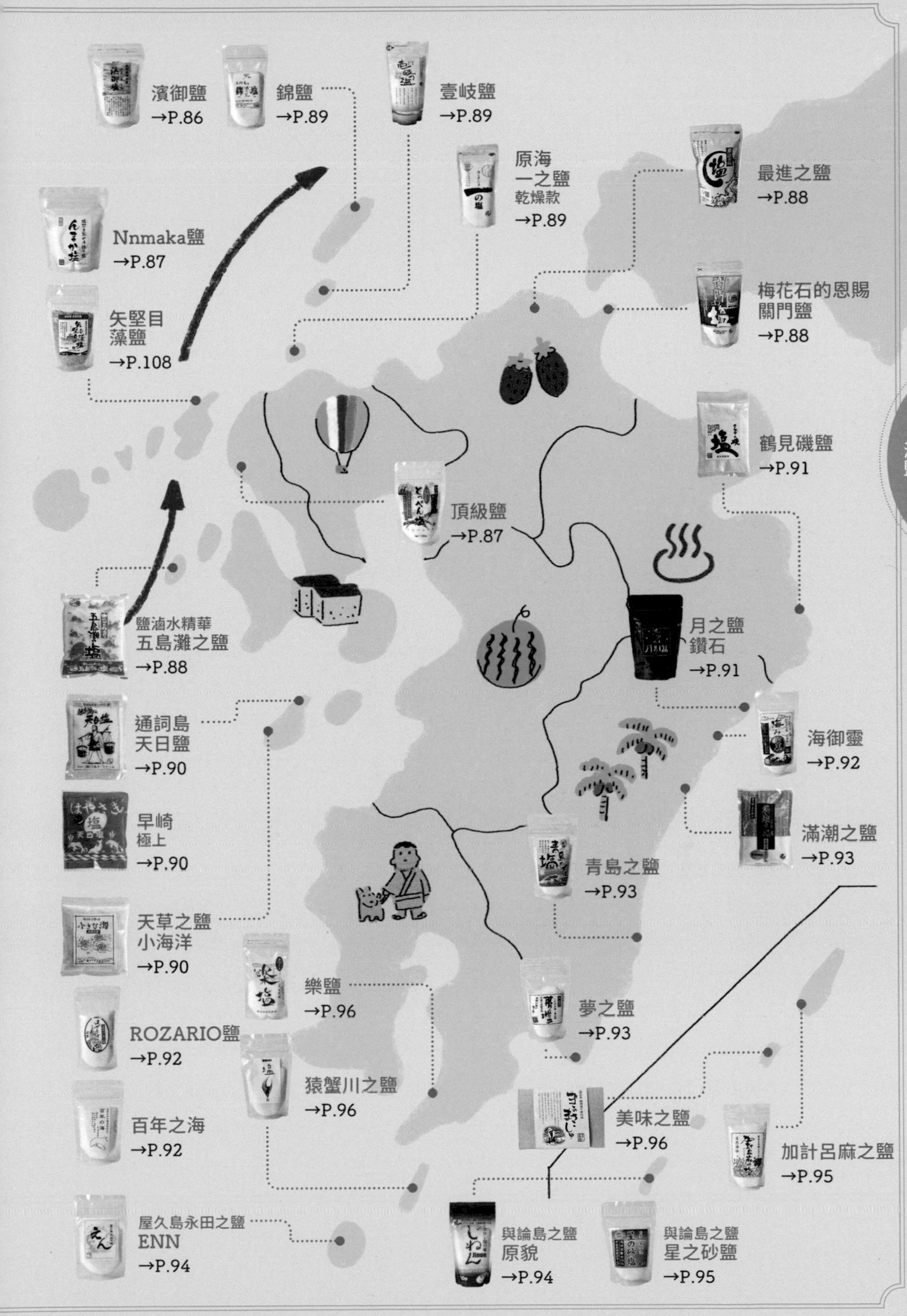
濱御鹽
→P.86
錦鹽
→P.89
壹岐鹽
→P.89
原海
一之鹽
乾燥款
→P.89
最進之鹽
→P.88
Nnmaka鹽
→P.87
矢堅目
藻鹽
→P.108
梅花石的恩賜
關門鹽
→P.88
鶴見磯鹽
→P.91
頂級鹽
→P.87
鹽滷水精華
五島灘之鹽
→P.88
月之鹽
鑽石
→P.91
通詞島
天日鹽
→P.90
海御靈
→P.92
早崎
極上
→P.90
滿潮之鹽
→P.93
青島之鹽
→P.93
天草之鹽
小海洋
→P.90
樂鹽
→P.96
夢之鹽
→P.93
ROZARIO鹽
→P.92
猿蟹川之鹽
→P.96
美味之鹽
→P.96
百年之海
→P.92
加計呂麻之鹽
→P.95
屋久島永田之鹽
ENN
→P.94
與論島之鹽
原貌
→P.94
與論島之鹽
星之砂鹽
→P.95

以對馬國家公園的純淨海水製成的鹽

濱御鹽

長崎

從專賣制度時期開始從事製鹽業的生產者，如今仍運用當時培養的製鹽技術持續生產類型多樣的鹽。海水是汲取自壹岐對馬國家公園內的久須保海，以天然海藻叢生的海水作為濱御鹽的原料。據說因面向外海而流速較快，經常可汲取到純淨的海水。

這款鹽是透過逆滲透法來濃縮海水，之後再花數天將霧狀海水噴灑在網架式鹽田上，憑藉陽光與風力做進一步的濃縮。之後再透過製鹽師之手在平鍋中熬煮一天一夜，使海水形成結晶。採收結晶時的濃度稍高，所以鈉含量比例較低，含有較多的鎂與鈣。帶有如脂肪含量較高的乳製品般的甜味與鮮味，在此區產出的鹽中實屬罕見，建議用於製作鹹味甜點或希望帶點甜味的鹽飯糰。另有結合黑海藻或馬尾藻製成的藻鹽、片狀結晶集結而成的Sel de flake（片狀鹽）等。

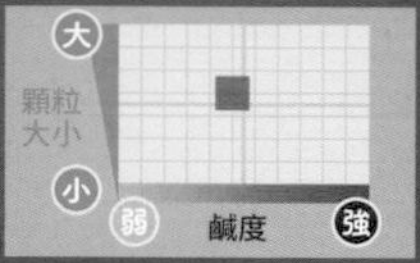

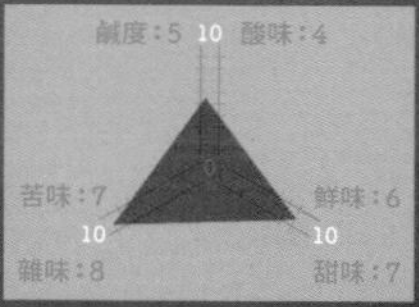

DATA

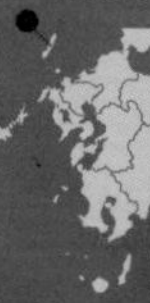

原產地 長崎縣

鹽含量	86.7g
鈉含量	34.1g
鉀含量	223mg
鎂含量	953mg
鈣含量	640mg

形　狀	凝聚狀
含水量	濕潤
製　程	逆滲透／天日／平鍋
原　料	海水

TASTE!

適度的鹹味之後，有奶油般的油脂口感，既甜且鮮，十分醇厚

建議搭配的食材&料理

使用雞蛋或乳製品的料理、鮮奶冰淇淋、鹽烤鰤魚等鯖魚、鹽飯糰

價格／140g包裝 250日圓
白松股份有限公司
長崎県対馬市
美津島町竹敷深浦4-133
03-5570-4545（東京本社）
http://www.hakumatsu.co.jp/

來自對馬海流黑潮的天日鹽

頂級鹽

長崎

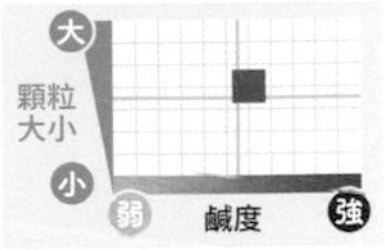

以澄澈的海水為原料。

此鹽的日文「とっぺん（TOPPEN）」在長崎縣五島列島的方言中爲「頂級」、「最好」之意。黑潮流經位於對馬海流中的五島列島，這款鹽便是從該處取水並澆淋在網架式鹽田上，濃縮後再倒入溫室內的木板箱中，僅憑藉太陽的熱能使海水形成結晶。從1噸的海水中大約只能採集到15kg的純天日鹽，相當稀少。這種可感受到苦味與酸味的鹽，適合搭配海鮮類或炸物。餘韻則有股鮮味擴散開來。

DATA

		形　狀	凝聚狀
		含水量	標準
鹽含量	89.0g	製　程	天日
鈉含量	35.0g	原　料	海水

TASTE!

帶有恰到好處的鹹味，較強的苦味與酸味後，會滲出鮮味

建議搭配的食材&料理

鹽烤油脂豐腴的魚類、酥炸白身魚

價格／140g包裝 278日圓
TOPPEN Foods
長崎県佐世保市
牧の地町1499-5
tel.0956-41-4104

保留鹽滷水的五島灘片狀鹽

Nnmaka鹽

長崎

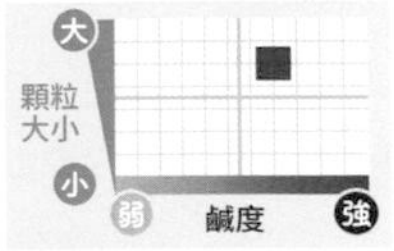

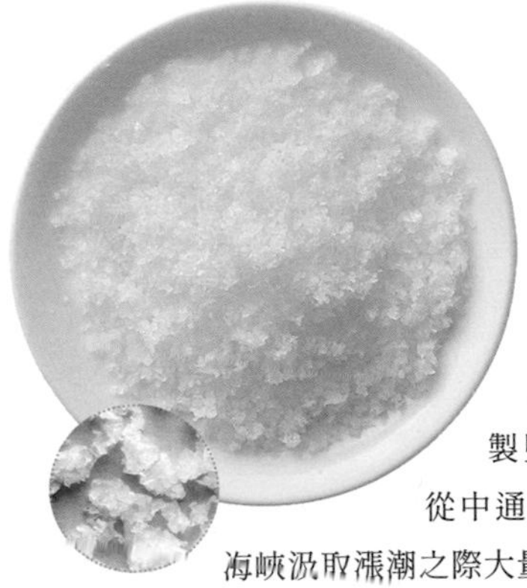

五島列島全年海風吹拂，可汲取純淨的海水，所以自古以來持續從事製鹽業。這款鹽便是從中通島與頭之島之間的海峽汲取漲潮之際大量流過的新鮮海水，利用立體式鹽田加以濃縮，並以小火加熱，不疾不徐地形成結晶。適度保留了鹽滷水，故可感受到順口的苦味。鈣含量高且爲細緻的片狀結晶，鬆脆的口感也別具樂趣。

DATA

		形　狀	片狀
		含水量	乾燥
鹽含量	81.4g	製　程	天日／平鍋
鈉含量	（32.0g）	原　料	海水

TASTE!

有較強的鹹味、順口的苦味，餘味有股淡淡甜味，餘韻較短

建議搭配的食材&料理

野菜天婦羅、炸豬排或酥炸白身魚、使用海藻製成的料理

價格／180g包裝 400日圓
YURIYA製鹽廠
長崎県南松浦郡
新上五島町榎津郷145-1
tel.0959-54-2407
http://www.salt-meister.com/

其鹹味與酸味佐炸物堪稱絕配

福岡

最進之鹽

這款鹽是100%使用海水製成的自然鹽，海水汲取自位於本州最西側的玄界灘、下關吉母濱海域的海灣。利用已取得專利的多段式平鍋，投注時間加以濃縮與結晶。舌尖一碰就迅速溶化，一開始會感受到較強的鹹味與扎實的酸味。

TASTE!	有較強的鹹味、扎實的酸味、清爽的鮮味
建議搭配的食材&料理	炸豬排等炸物、醃製牛肉、鹽烤秋刀魚

原產地
福岡縣

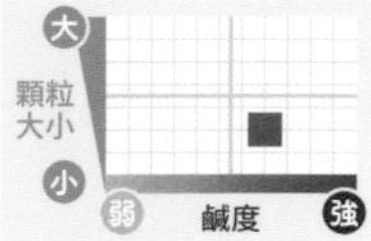

DATA

鹽含量
84.1g

鈉含量
33.1g

形　狀	凝聚狀
含水量	標準
製　程	平鍋
原　料	海水

價格／300g包裝 580日圓
最進之鹽股份有限公司
福岡県北九州市
小倉北区西港町94-22
tel.093-571-4140
http://www.saishinnosio.com/

以沉眠於天然紀念物岩層下的深層水製成

福岡

梅花石的恩賜 關門鹽

約3億年前的岩層「梅花石」已被指定爲福岡縣的天然紀念物，這款鹽的原料便是沉眠於其下方1200m深處的海洋深層水。透過逆滲透法加以濃縮後，再利用立鍋進行濃縮與結晶，形成的鹽恰到好處地保留了鹽滷水。溫潤的鹹味之後，可感受到淡淡的苦味。

TASTE!	有溫潤鹹味、淡淡苦味、餘韻較短的鮮味
建議搭配的食材&料理	鹽烤飯糰、烤蔬菜

原產地
福岡縣

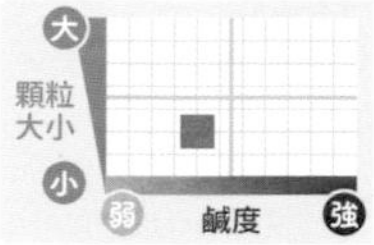

DATA

鹽含量
86.1g

鈉含量
33.9g

形　狀	立方體
含水量	標準
製　程	逆滲透／立鍋
原　料	海水

價格／100g包裝 360日圓
YARON股份有限公司
福岡県北九州市
門司区白野江546-1
tel.093-341-3322
http://www.baikaseki.jp/

餘味清爽，適用於赤身肉或炸物

長崎

鹽滷水精華 五島灘之鹽

崎戶町面向長崎縣西側的五島灘，這款鹽便是透過離子交換膜法來濃縮此處的海水，再利用立鍋使其結晶，並於完成的海鹽中混合檸檬酸鐵銨拌製而成。源自檸檬酸的強烈酸味與苦味很適合搭配赤身肉類或魚類、炸物。

TASTE!	有適度鹹味、強烈酸味與苦味，餘味的苦味則淡而持久
建議搭配的食材&料理	醃漬日式梅乾、炙燒油脂豐腴的鮪魚或鰹魚、烤牛肉

原產地
長崎縣

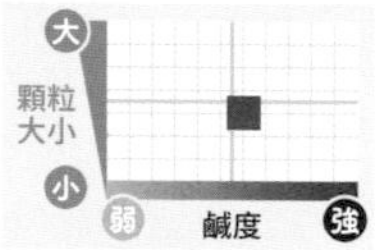

DATA

鹽含量
94.0g

鈉含量
37.0g

形　狀	立方體
含水量	濕潤
製程	離子交換膜／立鍋／混合
原　料	海水、檸檬酸鐵銨

價格／500g包裝 150日圓
菱鹽股份有限公司
長崎県西海市
崎戸町蛎浦郷字1517-3
tel.0959-35-3540

在壹岐島上製造的傳統海鹽

壹岐鹽

長崎

這款海鹽產自漂浮於九州北部玄界灘的壹岐島。汲取壹岐海域的清澈海水，透過逆滲透法加以濃縮，再利用平鍋進行濃縮與結晶。顆粒中所含的鎂會讓人強烈感受到苦味，有助於緩解炸物的油膩感，吃起來很清爽。

TASTE!	帶有稍強的鹹味，餘味有股持久的苦味
建議搭配的食材&料理	野菜或味道較重的葉類蔬菜、炸物

原產地
長崎縣

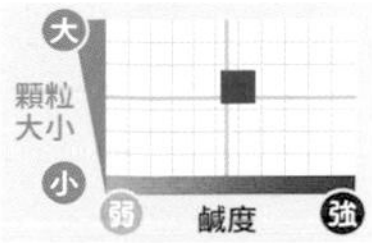

DATA

鹽含量（90.6g）

鈉含量 35.7g

形　狀 凝聚狀

含水量 標準

製　程 逆滲透／平鍋

原　料 海水

價格／160g包裝 550日圓（含稅）

中原股份有限公司 食品事業部

長崎県壱岐市

芦辺町瀬戸浦1245

tel.0120-611-401

滋味乾淨無雜味

錦鹽

長崎

這款海鹽產自對馬，此地受惠於通過環境王國認證的美麗海洋與豐富魚類。重現專賣制度實施前的製法，利用平鍋來濃縮海水，再透過天日法使其結晶。雜味較少，味道暢快且具透明感。含在嘴裡會有股清爽的海潮香味撲鼻。

TASTE!	有適度的鹹味、海潮香味與透明感
建議搭配的食材&料理	使用白身魚或貝類製成的湯品、鹽煮白身魚

原產地
長崎縣

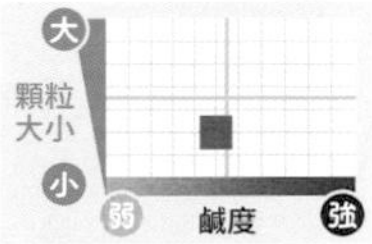

DATA

鹽含量 ——

鈉含量 ——

形　狀 粉碎狀

含水量 標準

製　程 平鍋／天日

原　料 海水

價格／140g包裝 400日圓（含稅）

富浦天然鹽工房

長崎県対馬市

上対馬町唐舟志565-1

tel.0920-86-3320

可感受鮮甜味的對馬暖流海鹽

原海 一之鹽 乾燥款

佐賀

這款海鹽產自佐賀縣加唐島上的製鹽廠。海水汲取自流經呼子海域且屬於暖流的對馬海流，爲了避免破壞成分而先以60℃的低溫使其結晶，進而以140℃的暖風做最後的乾燥。特色在於濃密的甜味，與雞蛋的蛋黃很對味。另有濕潤款。

TASTE!	有適度鹹味、口感濃密的甜味，餘味有股鮮味
建議搭配的食材&料理	水煮蛋、加熱後會變甜的蔬菜、日本酒

原產地
佐賀縣

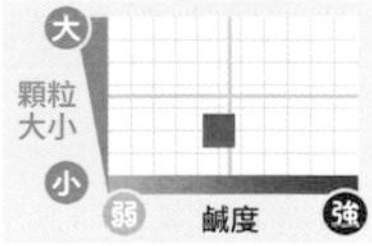

DATA

鹽含量 91.5g

鈉含量 36.0g

形　狀 凝聚狀

含水量 乾燥

製程 逆滲透／立鍋／乾燥

原　料 海水

價格／250g包裝 534日圓

一之鹽股份有限公司

佐賀県唐津市

鎮西町加唐島730-2

tel.0955-51-1140

http://www.ichinoshio.jp/

如高湯般充滿鮮味的純天日鹽

熊本

早崎 極上

這款純天日鹽產自天草市的通詞島，此地為海豚棲息地且自然豐饒。利用高6m的立體式鹽田加以濃縮後，在溫室內僅憑藉陽光之力使海水形成結晶。海水中的有機物完整封存於結晶之中，因不經過加熱而未遭破壞，使鹽帶有如高湯般的鮮味與乳製品般的甜味。

TASTE! 帶有稍強的鹹味、高湯般的鮮味、順口的苦味與甜味

建議搭配的食材&料理 乳製品、白身魚或雞肉等白色食材、湯品的調味

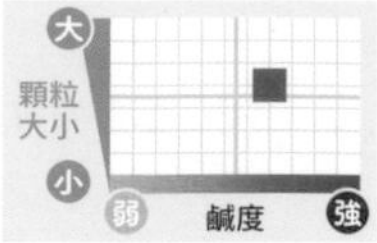

DATA

鹽含量 ——

鈉含量 ——

形　狀 立方體
含水量 標準
製　程 天日
原　料 海水

價格／250g包裝 760日圓
自然食品研究會
熊本県天草市五和町二江106
tel.0969-33-0610
http://hayasaki-shio.sakura.ne.jp/

散發鮮採青草般的清新香氣

熊本

通詞島天日鹽

這款純天日鹽是汲取流經通詞島海域250m處的海水，再利用網架式鹽田與結晶箱，僅憑藉陽光與風力加以濃縮與結晶。風味獨特，可感受到清新的青草香味，與橄欖油可謂絕配。顆粒較大，可用研磨罐磨碎，或活用其口感作為最終調味鹽。

TASTE! 有極強的鹹味、酸味、恰到好處的苦味、青草香味

建議搭配的食材&料理 佛卡夏麵包、加了檸檬與食用油的白身魚生魚片或蔬菜

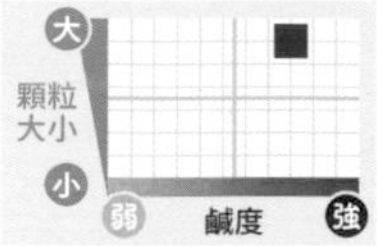

DATA

鹽含量（93.4g）

鈉含量 36.8g

形　狀 立方體
含水量 乾燥
製　程 天日
原　料 海水

價格／200g包裝 700日圓
Salt Farm有限公司
熊本県熊本市中唐人町29
tel.096-355-4140

花1週炊煮的天草自然鹽

熊本

天草之鹽 小海洋

這款海鹽是從天草下島西海岸的東海汲取海水，先利用網架式鹽田濃縮至10%，再持續添加鹼水（濃縮海水）並以鐵鍋炊煮1週。溫和的鹹味加上鮮味，也很適合用來製作味噌等發酵食品。

TASTE! 有適度鹹味與鮮味。酸味中帶點海水苦味

建議搭配的食材&料理 略帶油脂的赤身魚、白身魚、製作發酵食品

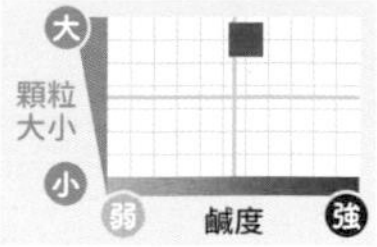

DATA

鹽含量（88.9g）

鈉含量 35.0g

形　狀 立方體
含水量 濕潤
製　程 平鍋
原　料 海水

價格／240g包裝 470日圓
天草鹽協會
熊本県天草市
天草町大江1448
tel.0969-42-5477

如新雪般的純白結晶

鶴見磯鹽

大分

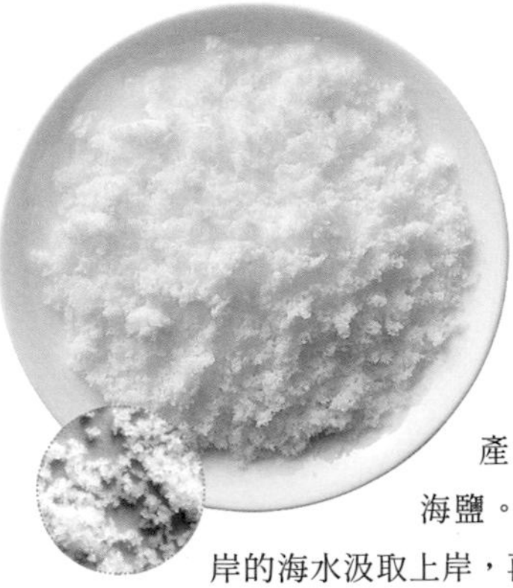

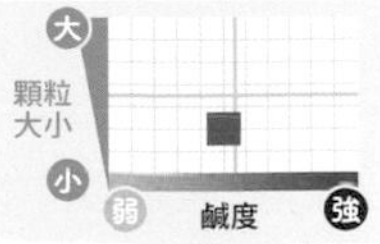

這一款鹽品是在Sunworld鶴見、大分大學與佐伯機械電子學中心的產官學合作下誕生的海鹽。將鶴見町丹賀浦海岸的海水汲取上岸，再利用蒸氣的熱能加熱，使其濃縮並結晶。徹底去除了石灰質等無法溶解於水的成分，因此結晶潔白而口感滑順。微粒且蓬鬆的結晶易溶於水，還能快速滲透食材，所以也很適合用於食材的前置準備作業。

DATA

		形　狀	凝聚狀
		含水量	標準
鹽含量	（86.3g）	製　程	平鍋
鈉含量	34.0g	原　料	海水

TASTE!

有適度鹹味、顯著甜味。隱約有股乳香味

建議搭配的食材&料理

使用乳製品製成的料理、白子天婦羅、加熱後的洋蔥

價格／185g包裝 540日圓
Sunworld鶴見有限公司
大分県佐伯市
鶴見大字丹賀浦577
tel.0972-34-5522

產自以九州No.1水質著稱的下阿蘇

月之鹽 鑽石

宮崎

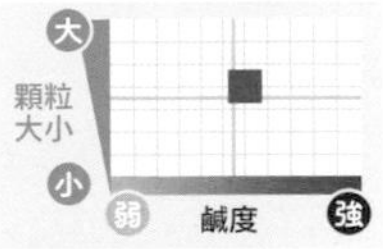

悉心撈除浮沫。

在昔日以揚濱式鹽田而聞名的延岡市北浦町沿岸，成立了附設「北浦道路休息站」的製鹽設施與鹽博物館。

下阿蘇海灘亦獲選爲日本環境省的「日本海水浴場百選．海洋部特選」，號稱水質爲九州第一。這款鹽便是取其海水並透過逆滲透法濃縮，利用平鍋熬煮並持續添補海水。只能採收到少量的大粒結晶，味道細膩、具透明感且暢快。

DATA

		形　狀	凝聚狀
		含水量	標準
鹽含量	（96.5g）	製　程	逆滲透／平鍋
鈉含量	38.0g	原　料	海水

TASTE!

有適度鹹味與淡淡甜味。味道清澈，餘韻轉瞬即逝

建議搭配的食材&料理

白身魚的生魚片、清淡的蔬菜。辛口日本酒的佐料

價格／100g包裝 555日圓
北浦 道路休息站
北浦產業股份有限公司
宮崎県延岡市
北浦町古江3337-1
tel.0982-45-3811
http://michinoeki-kitaura.com/

含有山區礦物質，滋味強勁的鹽

ROZARIO鹽

熊本

天草群山的山區礦物質經由河川流入來自東海的黑潮中，這款鹽便是在其匯入處生產製造的。利用網架式鹽田濃縮海水，之後再透過天日法使其結晶，可以感受到較強的鹹味，以及充分沐浴陽光而充滿天日鹽所特有的酸味。

TASTE! 帶有較強的鹹味與酸味，餘味有股鮮味

建議搭配的食材&料理 鮪魚前腹肉等油脂豐腴的赤身魚、番茄

原產地
熊本縣

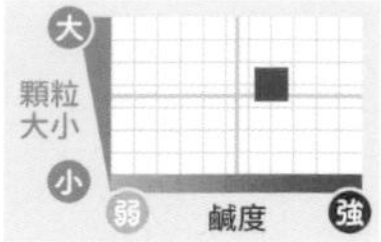

DATA

鹽含量
（86.3g）

鈉含量
34.0g

形　狀	凝聚狀
含水量	標準
製　程	天日
原　料	海水

價格／180g包裝 600日圓
天草ROZARIO鹽
熊本県天草市
河浦長今富516
tel.0969-79-0400

從天草海水產出的純天日鹽

百年之海

熊本

這款純天日鹽是出於「希望製作出含有鈉以外的礦物質且對人體有益的鹽」之理念而誕生。透過天日法使天草的海水濃縮並結晶成鹽，味道乾淨俐落，餘韻短暫且轉瞬即逝。味道在嘴裡變化連連，還有股清爽的海潮香味撲鼻。

TASTE! 有適度鹹味與少許苦味、較強的酸味與鮮味

建議搭配的食材&料理 蔬菜乾、番茄、赤身魚的炸物

原產地
熊本縣

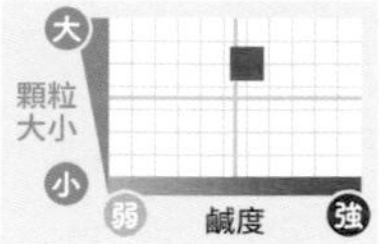

DATA

鹽含量
97.5g

鈉含量
38.4g

形　狀	立方體
含水量	濕潤
製　程	天日
原　料	海水

價格／100g包裝 500日圓
Your Harvest股份有限公司
福岡県福岡市
博多区店屋町6-3
tel.0120-35-0821

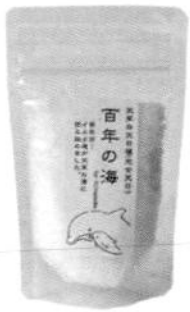

富含山海礦物質的濕潤海鹽

海御靈

宮崎

兼營漁業的生產者會開船前往有山區水流注入的無人島沙灘上，汲取澄澈的海水。這款鹽便是利用網架式鹽田並憑藉陽光與風力來濃縮，再以柴火加熱的鐵鍋熬煮。形成的鹽顆粒小且質地濕潤，可明顯感受到源自鐵的酸味。務必用來搭配油脂豐腴的鮪魚。

TASTE! 餘味有源自鐵的強烈酸味。有恰到好處的苦味與雜味

建議搭配的食材&料理 油脂豐腴的牛肉與鮪魚等、赤身肉類或魚類

原產地
宮崎縣

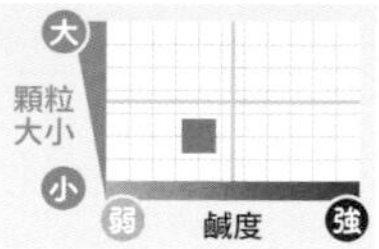

DATA

鹽含量
90.5g

鈉含量
35.6g

形　狀	凝聚狀
含水量	濕潤
製　程	天日／平鍋
原　料	海水

價格／150g包裝 400日圓
日高純鹽 股份有限公司
宮崎県延岡市北浦町古江3175
tel.0982-45-2709
http://umimitama.jimdo.com/

實現男人浪漫的宮崎海鹽

夢之鹽

宮崎

生產者在宮崎縣南端的串間市經營著比目魚養殖業，同時實現長期以來的夢想──製造自然鹽。汲取流經都井岬海域的黑潮海水，並利用燒柴加熱的平鍋不疾不徐地熬煮1週。遵循傳統製法所產出的這款鹽同時具備鹹味與適度的甜味。

TASTE! 甜味扎實。雜味後會有較濃郁的鮮味，餘韻較短

建議搭配的食材&料理 飯糰、加熱後會變甜的烤蔬菜

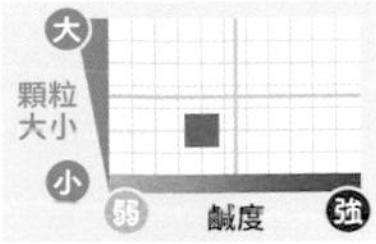

DATA

鹽含量（93.9g）

鈉含量 37.0g

形　狀 凝聚狀

含水量 標準

製　程 平鍋

原　料 海水

價格／90g包裝 278日圓

大田商店 有限公司

宮崎県串間市

大字西方14934

tel.0987-72-0626

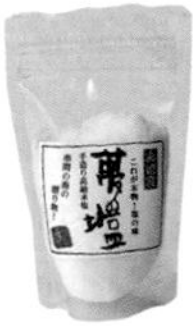

以滿潮的海水緩緩炊煮而成

滿潮之鹽

宮崎

這款海鹽是於日向市的平岩海岸汲取滿潮時的海水，透過逆滲透法加以濃縮後，利用平鍋熬煮45小時，濃縮並形成結晶。入口即化，結晶蓬鬆而柔軟，味道乾淨無雜味。另有透過烘烤法製成的乾燥烤鹽。

TASTE! 有適度鹹味、圓潤甜味與苦味。餘韻暢快

建議搭配的食材&料理 油脂較少的白身魚鹽釜燒、淺漬小黃瓜

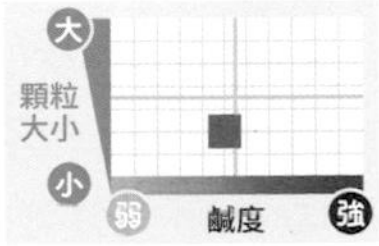

DATA

鹽含量 88.6g

鈉含量 34.9g

形　狀 凝聚狀

含水量 標準

製　程 逆滲透／平鍋

原　料 海水

價格／400g包裝 660日圓

宮崎Sun Salt股份有限公司

宮崎県日向市大王町2-23-2

tel.0982-53-1713

http://www.sun-salt.co.jp/

以日向灘海水炊煮而成的強勁海鹽

青島之鹽

宮崎

據說古代只有青島神社的神職人員才能進出坐望日向灘的青島。如此神聖的青島四周有相連呈波浪狀的奇岩「鬼之洗衣板」環繞，而這款鹽的原料便是汲取自該海域的海水。利用平鍋熬煮使其濃縮並結晶，完成的鹽帶有雜味與苦味且滋味強勁。

TASTE! 有草藥般的苦味、顯著的酸味、突出的雜味

建議搭配的食材&料理 赤身魚類或肉類的炸物、油煎料理

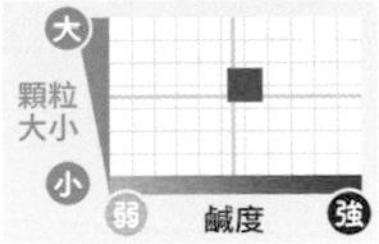

DATA

鹽含量 ──

鈉含量 ──

形　狀 凝聚狀

含水量 標準

製　程 平鍋

原　料 海水

價格／85g包裝 300日圓

鹽工房

宮崎県宮崎市青島5-11-1

tel.0985-65-1616

海鹽

在寧靜屋久島村落製作的海鹽

屋久島永田之鹽 ENN

鹿兒島

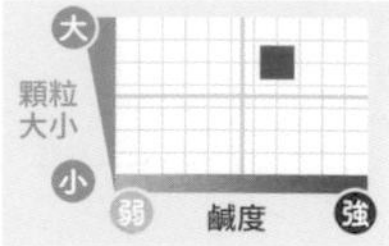

製鹽廠位於屋久島西北部一個坐望永田岳的小村落。永田濱是有海龜上岸產卵而頗負盛名的海灘，汲取該海域的海水，再以屋久島的杉木等木材來加熱不鏽鋼鍋釜，進行濃縮與結晶。顆粒稍微偏大，入口會感受到扎實而強烈的鹹味，隨後則有股如鐵般的酸味一點一點擴散開來。撒在烤過的赤身肉上，或是抹在鮪魚等赤身肉的生魚片上，可襯托出鮮味。

DATA

		形　狀	凝聚狀
		含水量	標準
鹽含量	87.2g	製　程	平鍋
鈉含量	34.3g	原　料	海水

TASTE!

有較強的鹹味與雜味。如鐵般的酸味與苦味

建議搭配的食材&料理

烤牛肉、鮪魚或鰹魚的生魚片

價格／150g包裝 430日圓
製鹽之和 渡邊 忠
鹿児島県熊毛郡
屋久島町永田369-8
tel.0997-45-2338
http://www.shiotsukuri00.jp/

產自珊瑚礁島與論島的純白結晶

與論島之鹽 原貌

鹿兒島

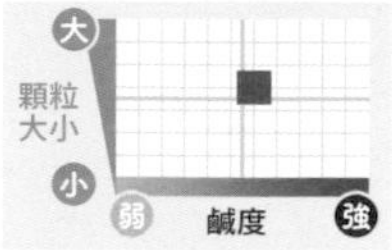

這款自然鹽是在有珊瑚礁樂園之稱的與論島上，以滿潮時的海水爲原料製作而成。製程的第一步驟，便是從通過珊瑚白砂下方的管線汲取海水。這是因爲讓海水通過砂子便可自然而然地濾除雜質。利用平鍋炊煮後，進一步去除雜質，形成美麗的純白結晶。含有大量源自珊瑚的鈣，所以餘味偏甜且帶酸味，還有粗糙的口感。

DATA

		形　狀	凝聚狀
		含水量	標準
鹽含量	92.2g	製　程	平鍋／乾燥
鈉含量	36.2g	原　料	海水

TASTE!

有顯著的酸味、恰到好處的鹹味，餘味有甜味與烤焦般的風味

建議搭配的食材&料理

牛肉與鮪魚等赤身食材，尤其是油脂較多的部位

價格／150g包裝 420日圓
與論島股份有限公司
鹿児島県大島郡
与論町古里64-1
tel.0997-97-3599
http://www.yoronto.net/

味道純淨的海洋深層水鹽

與論島之鹽 星之砂鹽

鹿兒島

與論島的美麗海洋。

製作這款鹽的海洋深層水，是汲取自鹿兒島縣最南端的與論島海域水深500m處。據說生產者爲了尋求優質的海水，會開船至距離島嶼20～40km處的海域取水。透過逆滲透法加以濃縮後，倒入平鍋中，在未沸騰的狀態下慢慢炊煮約30小時，便會形成片狀的大結晶。鈣含量較多，所以口感粗糙。帶有令人聯想到柑橘類的清爽苦味與厚實鹹味。

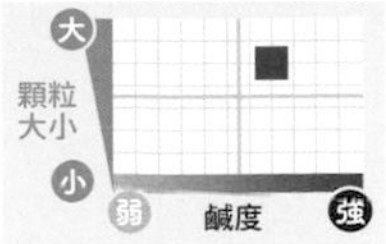

DATA

		形　狀	片狀
		含水量	標準
鹽含量	86.7g	製程	逆滲透／平鍋／乾燥
鈉含量	34.1g	原　料	海水

TASTE!

有厚實鹹味、柑橘皮般苦味。雜味後會湧現甜味。爽口且餘味暢快

建議搭配的食材&料理

葡萄柚與檸檬等帶酸味與苦味的水果、帶苦味的蔬菜、炸物

價格／85g包裝 380日圓
福山物產股份有限公司
鹿兒島県霧島市
溝辺町崎森2770-3
tel.0995-58-2905
http://www.kurozuya.co.jp/

來自奄美群島某小島的海鹽

加計呂麻之鹽

鹿兒島

加計呂麻島是奄美群島的其中一座小島，人口約爲1400人。選在島內沒有村落的地區建造製鹽廠，並前往距離島嶼800m處、無生活廢水排入的海域，從水深30m處汲取流經的黑潮。投注1週的時間，憑藉陽光與風力來濃縮澄澈的海水，再利用平鍋炊煮4天使其結晶。人費周章製作而成的這款海鹽味道別具深度，甜味與鮮味會一點一點擴散開來。還可享受結晶的口感。

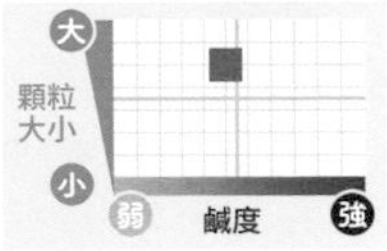

DATA

		形　狀	片狀
		含水量	乾燥
鹽含量	（76.7g）	製　程	平鍋
鈉含量	30.2g	原　料	海水

TASTE!

有恰到好處的鹹味、順口的苦味與雜味，鮮甜味的餘韻久久不散

建議搭配的食材&料理

葉菜沙拉、烏賊或鯛魚等白身肉生魚片、竹筍、菇類

價格／250g包裝 700日圓
加計呂麻鹽技研
鹿兒島県大島郡
瀬戸内町嘉入241
tel.0997-75-0071

海鹽

以另類製法產出的珊瑚礁鹽

美味之鹽

鹿兒島

德之島位於奄美群島中央，以鬥牛而聞名。這款鹽所採用的製法與眾不同——從珊瑚礁潮間帶泥灘裡的潮池中汲取海水，澆淋在太陽晒熱的岩石上加以濃縮，再利用平鍋熬煮。強烈的鹹味中可感受到酸味與鮮味，搭配炸物再適合不過。

TASTE! 強烈酸味後會有鮮味。帶有暢快甜味，餘韻較短

建議搭配的食材&料理 炸牛排、炸豬排、日式炸豆腐

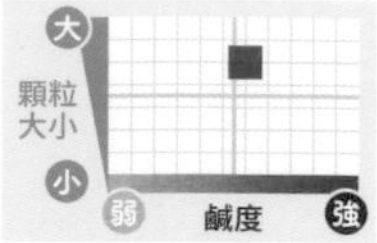

DATA

鹽含量（93.2g）

鈉含量 36.7g

形　狀 凝聚狀
含水量 標準
製　程 天日／平鍋
原　料 海水

價格／100g包裝 665日圓
Japan Salt股份有限公司
東京都中央区京橋1-1-1
八重洲ダイビル5F
tel.0120-16-4083

誕生自種子島陽光下的海洋結晶

猿蟹川之鹽

鹿兒島

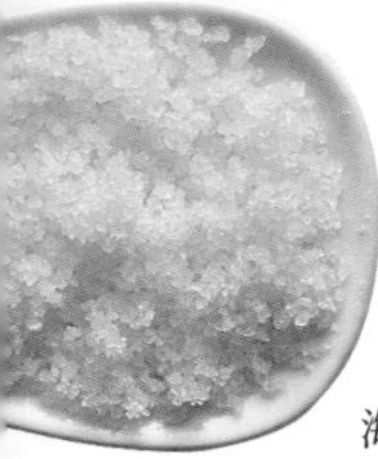

志在協助種子島的身心障礙者自立更生的福利機構，只於4～10月期間製作這款純天日鹽。於面向太平洋的乘濱海岸海域汲取海水，利用枝條架式鹽田加以濃縮，隨後移入天日溫室中，僅憑藉陽光之力使其結晶。是一款保有海水原始風味而帶有柔和酸味與甜味的海鹽。

TASTE! 鹹味適中、令人愉快的酸味與甜味相當持久

建議搭配的食材&料理 涼拌番茄、水煮蛋、鹽烤鮮蝦、炸雞翅

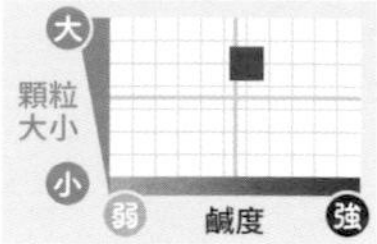

DATA

鹽含量 86.3g

鈉含量 34.0g

形　狀 凝聚狀
含水量 濕潤
製　程 天日
原　料 海水

價格／100g包裝 500日圓
社會福祉法人 百合砂
共生工房 猿蟹川
鹿兒島県熊毛郡
中種子町納官4093-7
tel.0997-24-8121

鹹味、鮮味與苦味三者兼具

樂鹽

鹿兒島

這款鹽是汲取九州最南端佐多岬海域的海水，利用燒柴加熱的平鍋，在未沸騰的狀態下持續加熱約30小時，使其濃縮並結晶。確實撈除浮沫所製成的鹽，口感蓬鬆且入口即化。品名也隱含在堪稱食材寶庫的鹿兒島上「享受飲食之樂」的期望。

TASTE! 帶有稍淡的鹹味、令人愉快的甜味與酸味

建議搭配的食材&料理 使用乳製品製成的料理、清炸蔬菜

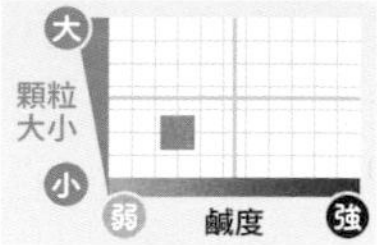

DATA

鹽含量 82.2g

鈉含量 32.0g

形　狀 凝聚狀
含水量 標準
製　程 平鍋
原　料 海水

價格／100g包裝 287日圓
South Max 股份有限公司
鹿兒島県肝属郡
南大隅町根占山本4108
tel.0994-24-5308

粟國之鹽 釜炊

沖繩

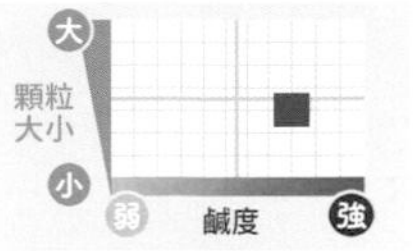

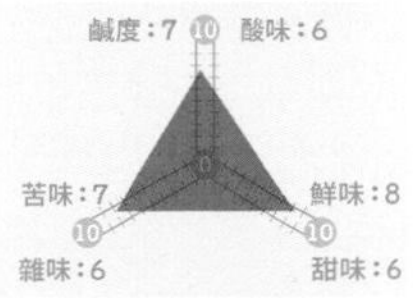

DATA

鹽含量	71.7g
鈉含量	28.2g
鉀含量	550mg
鎂含量	1530mg
鈣含量	550mg

原產地
沖繩縣

形　狀	凝聚狀
含水量	濕潤
製　程	天日／平鍋
原　料	海水

TASTE!

鹹味、鮮味、甜味、酸味、苦味與雜味接連在口中擴散開來。味道厚實有分量

建議搭配的食材&料理

鹽漬豬肉、鹽烤秋刀魚、用於製作運動飲料、鹽飯糰

燒柴加熱大型平鍋。必須時刻攪拌以免濃縮海水燒焦，花30小時炊煮而成。

價格／160g包裝 500日圓
沖縄海塩研究所 股份有限公司
沖縄県島尻郡粟国村字東8316
tel.098-988-2160
http://www.okinawa-mineral.com/

專賣制度時期，出身讀谷村的小渡幸信先生與日本各地的有志者共同致力於自然鹽復興運動，他們爲了尋找理想的環境，最終來到了距離沖繩本島約60km遠的離島：粟國島。於1995年在島嶼北端建造了製鹽廠，廠區前方有一大片美麗的海洋。使用1萬5000根竹枝搭建而成的立體式高架鹽田高達10m，令人嘆爲觀止。爲了確保粟國的風能有效流通，高架鹽田的方向與大小等設計都經過深思熟慮。將海水澆淋其上，耗費1週左右加以濃縮，再利用燒柴加熱的平鍋熬煮成結晶。

結晶承載著小渡先生「希望製作出有益健康的鹽」之想望，採取獨家技術不疾不徐地讓鹽滷水溶入其中，以便均衡揉合海水的礦物質。飽含鹽滷水，所以鈉含量比例極低，形成溫潤又滋味深邃的海鹽。

含有大地與海洋礦物質的石垣鹽

石垣鹽

沖繩

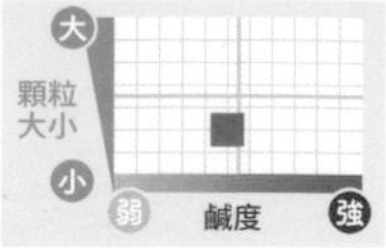

製鹽廠前方的石垣鹽海灘。

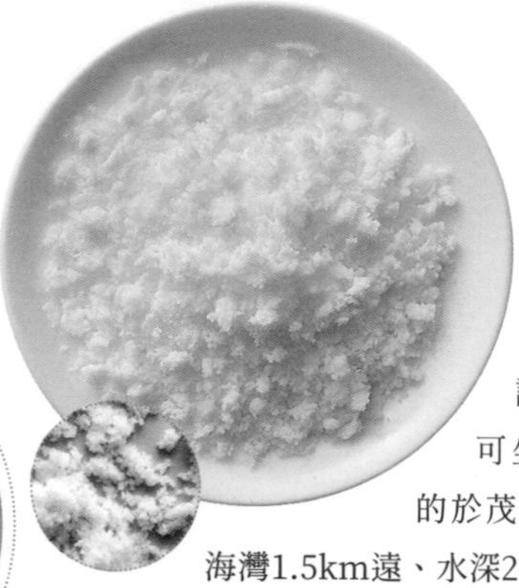

這款石垣鹽產自名藏灣，已被列爲拉姆薩爾公約保護區之一，從此處可坐望沖繩縣最高峰的於茂登岳。於距離此座海灣1.5km遠、水深20m之處取水。海水中含有經由河川攜入的大地礦物質，這在缺乏大條河川的沖繩十分罕見，透過逆滲透法加以濃縮，再花3天於蒸氣的低溫下慢慢形成結晶。味道深邃有層次，顆粒小而容易滲透食材。

DATA

		形　狀	凝聚狀
		含水量	標準
鹽含量	86.3g	製　程	逆滲透／平鍋
鈉含量	35.0g	原　料	海水

TASTE!

有溫潤鹹味，酸味較淡，可感受到強烈的層次感與甜味

建議搭配的食材&料理

鹽飯糰、作為生菜的沾鹽。為食材添加鮮味與甜味

價格／200g包裝 680日圓（含稅）
石垣鹽股份有限公司
沖繩県石垣市新川1145-57
tel.0980-83-8711
http://www.ishigakinoshio.com/

採用獨家專利製法乾燥的海鹽

命御庭海鹽

沖繩

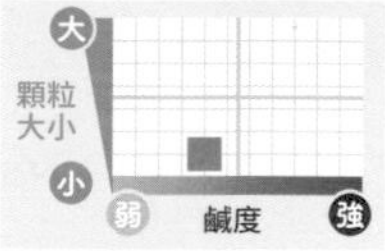

腹地內的絕美景點：果報崖。

創始者從栽培蘭花中獲得靈感而創造出這款粉末狀海鹽。製鹽廠建在宇流麻市宮城島的山崖上，此處以能量景點而爲人所知。讓海水在空中瞬間化爲結晶的專利製法已於10個國家取得專利。在結晶過程中保留了鹽滷水，故含有許多微量礦物質，鈉含量比例相對較低，帶有溫潤的甜味。深受注重健康的族群喜愛。

DATA

		形　狀	粉末狀
		含水量	乾燥
鹽含量	73.9g	製程	逆滲透／噴霧乾燥／烘烤
鈉含量	29.1g	原　料	海水

TASTE!

瞬間會感到強烈鹹味，但溫潤的滋味隨即擴散。有甜味、苦味、海潮香味

建議搭配的食材&料理

食材的前置準備作業、鹽煮白身魚、製作麵包或甜點

價格／150g 1000日圓
命御庭海鹽股份有限公司
沖繩県うるま市
与那城宮城 2768
tel.098-983-1111
http://www.nutima-su.com/

海鹽

製作於充滿海洋能量的滿月之日

滿月之鹽 福鹽

沖繩

這款海鹽產自紅樹林生長茂盛的宮古島內海，只使用滿月滿潮時的海水製作而成。利用燒柴加熱的平鍋炊煮。之所以選定取水日，是因爲滿月之日的海洋能量會增強，甚至因而有更多生物產卵。整體味道強勁，建議搭配會用到食用油的料理。

TASTE! 帶有強勁的鹹味與扎實的雜味

建議搭配的食材&料理 豆類、小松菜等特色強烈的葉菜類、鹽烤香魚

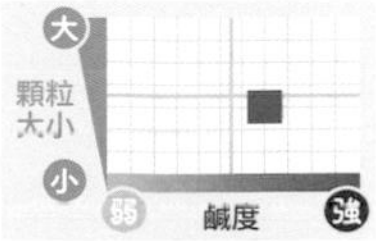

DATA

鹽含量 95.2g

鈉含量 37.5g

形　狀 凝聚狀

含水量 標準

製　程 天日／平鍋

原　料 海水

價格／150g包裝 500日圓

大福製鹽

沖縄県宮古島市

平良字島尻295

tel.0980-72-1132

有「神之鹽」美譽的海鹽

黃金鹽 細鹽

沖繩

多良間島仍保有大量的原始自然景觀，這款鹽便是取其海水直接倒入結晶箱中，刻意不做任何加工，僅憑藉陽光與風力使其濃縮並結晶，是保有自然原味的稀有海鹽。在日照時間較短的沖繩，須耗費數月來培育結晶。特色在於可說是陽光香氣的酸味以及濃郁的鮮味。

TASTE! 帶有扎實的鹹味與酸味，強勁的層次感

建議搭配的食材&料理 烤牛肉、使用番茄製成的料理

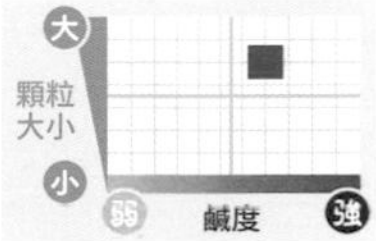

DATA

鹽含量 （85.3g）

鈉含量 33.6g

形　狀 立方體

含水量 濕潤

製　程 天日

原　料 海水

價格／30g包裝 300日圓

多良間海洋研究所

沖縄県宮古郡

多良間村字仲筋2351-7

tel.0980-79-2500

散發海潮香氣的沖繩海洋結晶

濱比嘉鹽

沖繩

在相傳爲琉球人誕生之處的濱比嘉島上，使用枝條架式鹽田來製鹽（p.14）。此鹽品對鹽滷水十分講究，考慮到苦味與鹹味的平衡，產出的鹽適度保留了鹽滷水。含在嘴裡會有股海潮香味撲鼻，可以確實感受到礦物質感。

TASTE! 有海潮香味與礦物質感，還有恰當的苦味與層次感

建議搭配的食材&料理 鮪魚或鰹魚等赤身魚、油脂豐腴的白身魚、海藻類

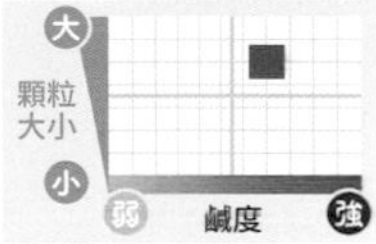

DATA

鹽含量 96.0g

鈉含量 37.8g

形　狀 凝聚狀

含水量 濕潤

製　程 天日／平鍋

原　料 海水

價格／100g包裝 300日圓

高江洲製鹽廠股份有限公司

沖縄県うるま市勝連比嘉1597

tel.098-977-8667

http://hamahigasalt.com/

溫潤且雪白的粉末狀海鹽

雪鹽

沖繩

原產地
沖繩縣

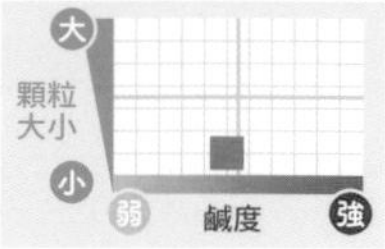

清澈美麗的宮古島海洋。

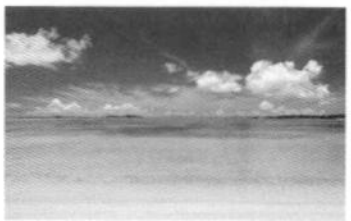

距離沖繩本島西南方300km處，這裡的地下海水滲透宮古島琉球石灰岩，這款粉末狀的海鹽就是汲取自此而製成。將濃縮後的霧狀海水噴灑在加熱的圓筒狀金屬板上，使水分瞬間蒸散，形成的結晶仍飽含一般會脫去的鹽滷水。如太白粉般的質地較容易與食材和諧相融，帶有如乳製品般的酸味，用於製作鹹味甜點再適合不過。鈉含量比例較低，也很適合比較注重鹽分的族群。

DATA

		形　狀	粉末狀
		含水量	乾燥
鹽含量	76.9g	製　程	逆滲透／圓筒加熱
鈉含量	30.3g	原　料	海水

TASTE!

入口的瞬間感受雖強烈，實則鹹味溫潤。有乳製品般的酸味

建議搭配的食材&料理

食材的前置準備作業、使用乳製品製成的料理、鮮奶冰淇淋

價格／60g包裝 350日圓
PARADISE PLAN
股份有限公司
沖繩県宮古島市
平良字久貝870-1
tel.0120-408-385
http://www.yukisio.com/

亦可直接作為下酒佐料

白銀之鹽 嚴選特上

沖繩

原產地
沖繩縣

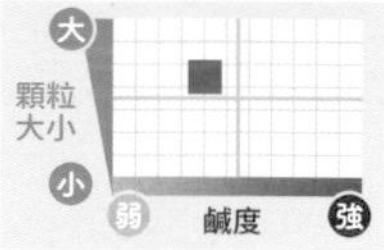

這款鹽的原料是汲取自水深612m處的海洋深層水，創下日本國內最深的紀錄。將海水倒入大到足以容納一名成人的信樂燒陶鍋中，間接加熱而非直接火烤，使其漸漸形成結晶。是只採取其中顆粒較大之結晶集結而成的稀有品。帶有溫潤的鹹味與濃郁的鮮味。還有股酸味，餘味乾淨。

DATA

		形　狀	立方體
		含水量	乾燥
鹽含量	91.44g	製　程	逆滲透／平鍋
鈉含量	36.0g	原　料	海水

TASTE!

鹹味溫潤，可感受到濃郁的鮮味，還有酸味，餘味暢快

建議搭配的食材&料理

雞肉料理。番茄或加熱過的洋蔥等味道濃郁的蔬菜、日本酒的下酒佐料

價格／55g包裝 800日圓
沖繩全藥股份有限公司
沖縄県宜野湾市
新城2-9-2
tel.098-892-3986
http://www.okizen.co.jp/

海鹽

染成橙色的蓬鬆結晶鹽

屋我地島之鹽

沖繩

這款鹽的海水取自沖繩北部屋我地島的濟井出海灘，再透過天日法加以濃縮，接著利用鐵製鍋釜慢慢熬煮而成。蓬鬆的結晶受到鐵的影響而染成淡淡的橙色。帶有源自鐵的酸味與強勁的鹹味，可提引出肉類或魚類等赤身肉的鮮味。

TASTE! 有源自鐵的強烈酸味、強勁的鹹味、苦味與雜味

建議搭配的食材&料理 牛排、鮪魚或鰹魚等赤身魚

原產地
沖繩縣

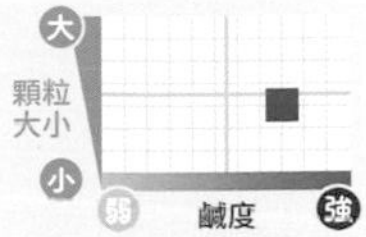

DATA

鹽含量	（86.3g）	形　狀	凝聚狀
		含水量	標準
鈉含量	34.0g	製　程	天日／平鍋
		原　料	海水

價格／250g包裝 600日圓
沖繩Berg股份有限公司
沖縄県名護市
済井出473
tel.0980-52-6012

產自珊瑚礁鹽田而鮮味十足的海鹽

屋我地鹽

沖繩

在昔日曾是沖繩三大鹽產地的羽地內海，恢復入濱式鹽田並持續製鹽（p.17）。有別於本州的鹽田，使用已風化的珊瑚礁作爲鹽田的地基，因此完成的鹽充滿如和風高湯般的鮮味。另有提供製鹽體驗。

TASTE! 如和風高湯細膩而扎實的鮮味、海潮香味

建議搭配的食材&料理 鹽煮白身魚、烏賊生魚片、燉煮蔬菜

原產地
沖繩縣

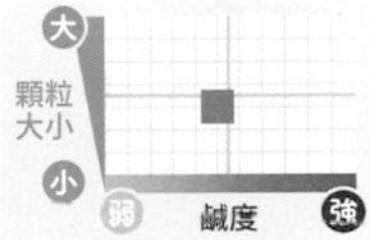

DATA

鹽含量	（81.2g）	形　狀	凝聚狀
		含水量	標準
鈉含量	32.0g	製　程	天日／平鍋
		原　料	海水

價格／100g包裝 953日圓
鹽田 股份有限公司
沖縄県名護市字我部701
tel.0980-51-4030
http://www.enden.co.jp/experience-study/index.html

salt column

「水鹽」——既新且舊的鹽形態

所謂的「水鹽」，是指持續撈除海水的浮沫並熬煮至鹽即將結晶之前的濃縮海水。醬油直到江戶時代後期才在庶民之間普及開來，在此之前廣爲使用的便是這種「水鹽」。鹽度依產品而異，不過大多落在15～20%左右。相較於脫去鹽滷水的「鹽」，水鹽的鎂與鉀等礦物質含量較高。礦物質帶有順口的苦味、層次感與酸味等，因此水鹽吃起來比粒狀鹽更溫潤，可確實感受到層次感與苦味。此外，水鹽爲液體，所以可均勻地與素材相融，進而降低鹽分的攝取量。

以伊江島上湧出的半鹹水製成

湧出之鹽

沖繩

伊江島上有處名為湧出的風景勝地，淡水通過琉球石灰岩後冒出，在當地是備受珍惜的海中水源地。這款鹽便是在該地取水，並以活用鍺石打造而成的原創網架式鹽田加以濃縮，再憑藉陽光與風力形成結晶。整體味道強勁、複雜而厚實。

TASTE! 整體味道強勁、有雜味且濃厚，還有濃郁的鮮味

建議搭配的食材&料理 酥炸苦瓜等帶苦味的食材、鹽烤白身魚

原產地
沖繩縣

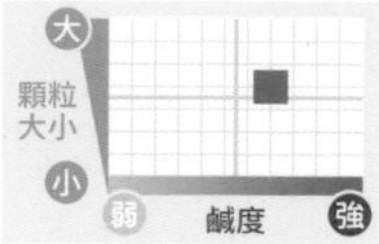

DATA

鹽含量
（86.3g）

鈉含量
34.0g

形　狀　粉碎
含水量　濕潤
製　程　天日／粉碎
原　料　海水

價格／50g包裝 258日圓（含稅）
伊江島製鹽
沖繩県国頭郡
伊江村字東江上3674
tel.0980-49-5224

味道比例絕佳的日常用鹽

青海

沖繩

這款鹽是透過逆滲透法將糸滿市海域的海水濃縮後，再利用約25m泳池大小的平鍋熬煮成結晶。味道的比例好到連進行鹽的品鑑時都會以這款鹽作為「評比基準鹽」，適合搭配任何食材，推薦於日常使用。

TASTE! 味道、含水量、顆粒大小等所有項目皆達到絕佳平衡

建議搭配的食材&料理 所有料理、用於製作火腿的顯色效果佳

原產地
沖繩縣

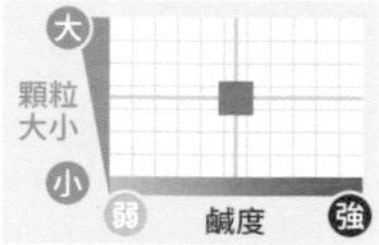

DATA

鹽含量
90.6g

鈉含量
35.6g

形　狀　凝聚狀
含水量　標準
製　程　逆滲透／平鍋
原　料　海水

價格／500g包裝 480日圓
青海 股份有限公司
沖繩県糸満市
西崎町4-5-4
tel.098-992-1140
http://www.aoiumi.co.jp/

因紅薯成分染成粉紅色的結晶

阿敦紅鹽

沖繩

製鹽廠位於沖繩本島北部。汲取滿潮時的海水，透過平鍋法加以濃縮與結晶，製成「阿敦之鹽」，再結合從紅薯中萃取出的多酚，即形成漂亮的淡紅色鹽。帶有檸檬般的酸味與淡淡的甜味，搭配牛肉或蝦類等紅色食材堪稱絕配。

TASTE! 帶有淡淡的甜香味與檸檬般的酸味

建議搭配的食材&料理 紅色食材或紅薯等薯類的炸物

原產地
沖繩縣

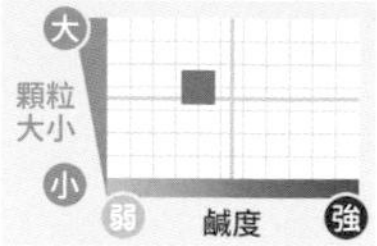

DATA

鹽含量
82.6g

鈉含量
32.5g

形　狀　片狀
含水量　乾燥
製　程　平鍋／混合
原　料　海水、多酚、檸檬酸

價格／100g包裝 735日圓
TIIDA Science 有限公司
沖繩県国頭郡
本部町備瀬1779-1
tel.0980-51-7555
http://achan-sio.jp/

性價比絕佳的甘味鹽

沖繩

北谷之鹽

這款鹽是取北谷町宮城海岸的海水淡化中心所排出的濃縮海水，透過逆滲透法做進一步的濃縮，再用立鍋法使其結晶。徹底削減成本以實現低廉的價格，便於日常使用。帶有酸味與甜味，建議用來製作冰淇淋等使用乳製品的甜點。

TASTE! 如乳製品般的酸味與圓潤的甜味

建議搭配的食材&料理 使用乳製品的料理或甜點、番茄等帶酸甜味的蔬菜

原產地
沖繩縣

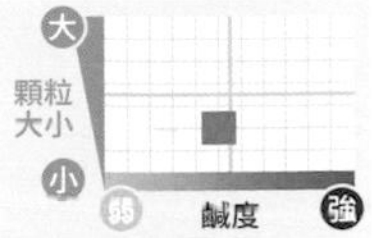

DATA

鹽含量
94.2g

鈉含量
37.0g

形　狀　凝聚狀
含水量　標準
製　程　逆滲透／立鍋
原　料　海水

價格／30g包裝 120日圓
沖繩北谷自然海鹽股份有限公司
沖繩県中頭郡
北谷町字宮城1-650
tel.098-921-7547
http://www.nv-salt.com

鈣含量高的乾燥海鹽

沖繩

瑰麗花鹽

這款鹽是將烘烤後的「北谷之鹽」混合沖繩縣原產的珊瑚鈣拌製而成。質地乾爽，鈉含量比例低。特色在於溫潤的鹹味與強烈的甜味，尤其適合用於大豆料理。較難溶解，所以當作沾鹽或撒鹽會比作爲調味料還要理想。

TASTE! 有柔和鹹味，可感受到強烈甜味

建議搭配的食材&料理 雞蛋料理、豆腐與納豆等大豆製品

原產地
沖繩縣

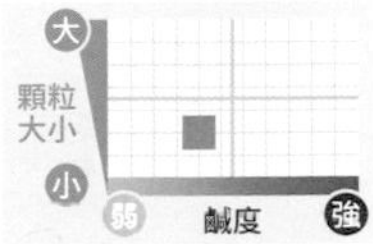

DATA

鹽含量
88.0g

鈉含量
34.6g

形　狀　粉碎
含水量　乾燥
製程　逆滲透/立鍋/混合/烘烤
原　料　海水、珊瑚鈣

價格／120g包裝 600日圓
沖繩北谷自然海鹽股份有限公司
沖繩県中頭郡
北谷町字宮城1-650
tel.098-921-7547
http://www.nv-salt.com

沖繩的家庭長期愛用的海鹽

沖繩

沖繩島鹽

以有300年製作史的「島之真鹽」爲目標，生產者製造出這款與專賣制度時期鹽品相似的再製加工鹽。以沖繩的海水溶解澳洲或墨西哥的純天日鹽，再利用平鍋熬煮，使其再次結晶。是一款性價比佳、鹹味爽口而適合日常使用的鹽。

TASTE! 扎實的鹹味之後，會有淡淡雜味。十分爽口

建議搭配的食材&料理 鹹豬肉、酥炸白身魚、義大利麵或蔬菜的水煮鹽

原產地
沖繩縣

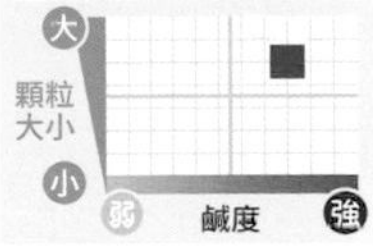

DATA

鹽含量
92.1g

鈉含量
36.3g

形　狀　凝聚狀
含水量　標準
製　程　溶解／平鍋
原　料　天日鹽、海水

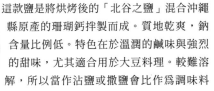

價格／1000g包裝 320日圓
青海 股份有限公司
沖繩県糸満市西崎町4-5-4
tel.098-992-1140
http://www.aoiumi.co.jp/

以久米島的純淨海洋深層水製成

球美之鹽

沖繩

汲取自沖繩本島以西100km、久米島周邊水深612m處的海洋深層水，是製作這款鹽品的原料。透過逆滲透法濃縮，再以蒸氣加熱的鍋釜使其結晶。一開始有適度的鹹味與苦味，品嚐油脂較多的部位或炸物時，能幫助消除油膩感。

TASTE!	恰到好處的鹹味與苦味。適度的酸味之後會有甜味
建議搭配的食材&料理	豬肉或雞肉油脂較多的部位、炸物

原產地
沖繩縣

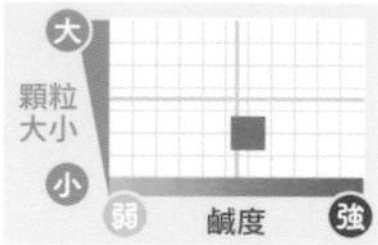

DATA

鹽含量
97.0g

鈉含量
38.0g

形　狀	凝聚狀
含水量	標準
製　程	逆滲透／平鍋
原　料	海水

價格／100g包裝 300日圓
久米島海洋深層水開發股份有限公司
沖繩県島尻郡
久米島町字宇江城2178-1
tel.098-985-5300

培育自「神之島」的純天日鹽

太陽真鹽

沖繩

久高島於琉球王朝時期曾負責舉辦祭神儀式，故又稱作神之島。這款鹽便是僅憑藉陽光與風力，使久高島海域的海水形成結晶。帶有苦味與源自珊瑚鈣的甜味，搭配野菜等帶苦味的蔬菜天婦羅，即可享受別具深度的滋味。

TASTE!	適度的鹹味之後，會有較強的苦味與源自鈣的甜味
建議搭配的食材&料理	野菜天婦羅、與食用油一起搭配烤蔬菜或麵包

原產地
沖繩縣

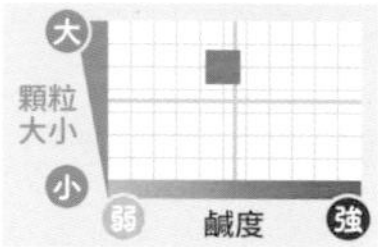

DATA

鹽含量
（81.2g）

鈉含量
32.0g

形　狀	立方體
含水量	標準
製　程	天日
原　料	海水

價格／120g包裝 1500日圓
NASA屋
沖繩県南城市
知念字久高73
tel.080-1701-9797

根據海水礦物質研究製成的海鹽

Noevir 南大東島的海鹽N

沖繩

這款鹽產自沖繩本島以東400km、被水深7000m海溝所環繞的南大東島，含有多種礦物質。對作爲原料的海水格外講究，利用取水船從水深200m處汲取海水。帶有恰到好處的鹹味與稍強的苦味，想清爽地享用炸物時堪稱絕配。

TASTE!	恰到好處的鹹味後，會有較強的苦味。味道暢快
建議搭配的食材&料理	豬肉或雞肉油脂較多的部位、炸物

原產地
沖繩縣

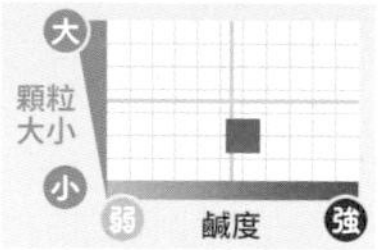

DATA

鹽含量
92.9g

鈉含量
36.6g

形　狀	凝聚狀
含水量	標準
製　程	平鍋
原　料	海水

價格／200g包裝 2000日圓
NOEVIR股份有限公司
客戶服務室
東京都中央区銀座7-6-15
tel.0120-401-001

100%海水無添加的低鈉鹽

鎂鹽

沖繩

以「沖繩島鹽」（p.103）而爲人所知的製鹽公司，汲取100％沖繩海水且未使用氯化鉀等任何添加物，透過獨家製法實現減鹽24％※。還含有大量的鎂。有股強烈的苦味，因此抹在炸物上可緩解油膩感。

※與五次修訂的日本食品標準成分表中的「食鹽」相比

TASTE! 鹹味較淡，有一瞬即逝的酸味與較強的苦味

建議搭配的食材&料理 酥炸白身魚、炸豬排等炸物、用於製作麵包

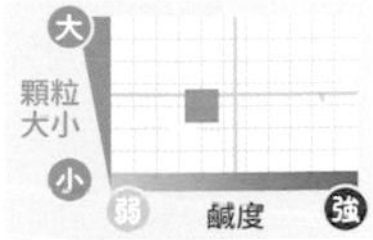

DATA

鹽含量 74.6g

鈉含量 29.4g

形　狀 立方體

含水量 標準

製程 逆滲透／平鍋／平鍋／乾燥

原　料 海水

價格／100g包裝 280日圓

青海 股份有限公司

沖繩県糸満市西崎町4-5-4

tel.098-992-1140

http://www.aoiumi.co.jp/

珊瑚礁海水充滿了甜味

海洋的微笑

沖繩

產自於2014年被指定爲國家公園的座間味島，爲慶良間群島之一。汲取透明清澈且有「慶良間藍」美譽的珊瑚礁海水，利用平鍋熬煮加以濃縮，再透過天日法使其結晶。源自鈣的甜味十分強烈，是珊瑚礁海水特有的風味，滋味醇厚無比。適合用於加熱後會變甜的蔬菜。

TASTE! 帶有甜味與適度的苦味

建議搭配的食材&料理 加熱後會變甜的燒烤蔬菜

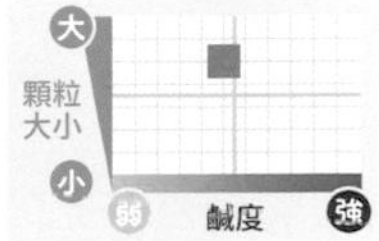

DATA

鹽含量 ——

鈉含量 ——

形　狀 立方體

含水量 乾燥

製　程 平鍋／天日

原　料 海水

價格／70g包裝 650日圓

民宿 艪便村

沖繩県島尻郡

座間味村字阿真144

tel.098-987-2676

http://www.ric.hi-ho.ne.jp/robinson/index.html/

salt column

「一小撮」與「少許」有何不同？

在料理書籍中常會看到「鹽一小撮」或「鹽少許」等表達方式。你知道這兩者的用量是不同的嗎？

一小撮

所謂的一小撮，是指用大拇指、食指與中指3根手指捏起的分量。以乾燥且顆粒直徑較小的鹽來說，大約是1g（1/5小匙）。

少許

所謂的少許則是指用大拇指與食指2根手指捏起的分量。以乾燥且顆粒直徑較小的鹽來說，大約是0.5g（1/8小匙）。

然而，顆粒大小與含水量會依鹽的種類而異，所以即便同樣是「一小撮」或「少許」，捏起來的分量也會有所不同。更換鹽時，不妨先確認與之前慣用的鹽有何差異，即可熟練地準備好適量的鹽。

藻鹽

將海水澆淋在海藻上。

自古以來持續生產，日本特有的海藻鹽

日本沿海地區有海藻群生地且有食用海藻的飲食文化，因而發展出藻鹽這種特有的製法。

製法眾說紛紜，不過讓海藻乾燥使鹽附著其上，澆淋海水以取得濃縮海水，再利用鍋釜熬煮使其結晶，這樣的過程即稱爲藻鹽燒。海藻中的碘會溶解並釋出至海水中，可享受到獨特的色澤與風味。廣島縣、兵庫縣、石川縣與宮城縣等地皆有陶器出土，從中得知日本人自古便會活用海藻來製鹽。現今對藻鹽的定義爲「將海藻浸漬於海水中所製成的鹽，亦或添加海藻萃取物、海藻灰萃取物或海藻浸漬鹽滷水所製成的鹽」。日本各地皆利用當地採收的海藻展開藻鹽的製作，從白色、深褐色、綠色或黑色等，應有盡有，類型十分豐富。

check! 藻鹽的製作程序

❶採集原料

採收海藻，曝晒陽光使海藻乾燥，以讓鹽附著其上。

❷熬煮海水與海藻

將海水澆淋在海藻上以取得濃縮海水，或將海藻與海水一同熬煮等，使海藻的精華轉移至海水中，中途取出海藻，繼續熬煮使其結晶。

「蠟燭島藻鹽」（p.110）的生產者於隱岐群島持續製作藻鹽，經常開船出海採收海藻。

重現鹽之神傳承的製鹽法

鹽竈藻鹽

宮城

利用平鍋炊煮11小時。

生產者在名稱源自於製鹽的鹽竈市，重現據說是鹽土老翁（日本神話故事中的鹽竈明神）所傳授的製法來生產藻鹽：將海水澆淋在馬尾藻上加以濃縮，再利用平鍋炊煮使其結晶。靜置熟成一晚會形成大結晶，採收後再次熬煮，使其再度結晶。鹹味十分溫潤，最後則有股厚實而持久的甜味與鮮味。有結晶較大的「竈炊結晶」，以及多炊煮一天製成的「竈炊藻鹽」。

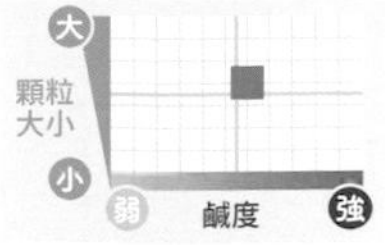

DATA

		形　狀	凝聚狀
		含水量	標準
鹽含量	（93.4g）	製　程	浸漬／平鍋／乾燥
鈉含量	36.8g	原　料	海水、馬尾藻

TASTE!

帶有極為溫潤的鹹味、高雅且厚實的甜味與鮮味

建議搭配的食材&料理

紅蘿蔔與洋蔥等加熱之後會釋出甜味的蔬菜、鹽飯糰

價格／80g包裝 500日圓
顏晴鹽竈 有限責任公司
宮城県鹽竈市尾島町27-30
tel.022-365-5572
http://mosio.co.jp/

芳醇的海潮香味撩撥鼻腔

玉藻鹽

新潟

生產這款藻鹽的製鹽廠，也在新潟縣的風景勝地笹川流沿岸生產「鹽之花」（p.69）。在工廠前方海岸曝晒早上剛採收的馬尾藻，乾燥後再結合純淨的笹川流海水一起熬煮，萃取精華使其濃縮並結晶。深褐色的結晶在嘴裡溶化後，會散發出撩撥鼻腔的淡淡海潮香味，讓藻鹽特有的濃郁且強勁的鮮味擴散開來。

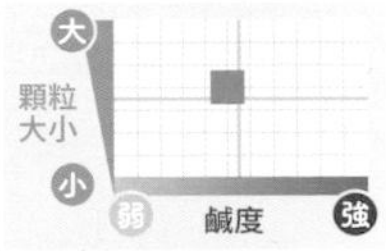

DATA

		形　狀	凝聚狀
		含水量	標準
鹽含量	（76.7g）	製　程	浸漬／平鍋
鈉含量	30.2g	原　料	海水、馬尾藻

TASTE!

散發淡淡的海潮香味、強勁的鮮味

建議搭配的食材&料理

白身魚、鹽飯糰、生牡蠣配檸檬

價格／150g包裝 550日圓
日本海企劃有限公司
新潟県村上市勝木63-2
tel.0254-77-3009
http://www.isosio.com/

在瀨戶內海復甦的古代鹽

海人藻鹽

廣島

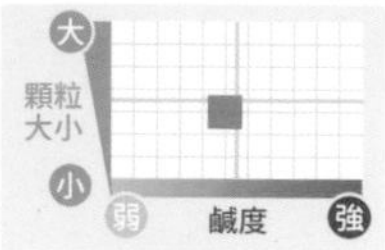

這款藻鹽產自曾獲選爲日本水濱100選的瀨戶內上蒲刈島海濱。於海潮流速最快的岬角突出處汲取新鮮的海水，濃縮後再將乾燥的馬尾藻浸泡其中，不斷撈除浮沫炊煮而成。最初是因爲1984年從當地挖掘出古墳時代的製鹽陶器，進而開始試圖重現當時的鹽，耗費10年歲月才創造出這款鹽。如和風高湯般的味道溫潤且深邃。

DATA

形　狀	粉碎狀
含水量	標準
鹽含量	（94.4g）
鈉含量	37.2g
製　程	逆滲透／立鍋 浸漬／平鍋／烘烤
原　料	海水、馬尾藻

TASTE!

帶有溫潤鹹味、如和風高湯的濃郁鮮味

建議搭配的食材&料理

白身魚的生魚片、生牡蠣等貝類、天婦羅、鹽飯糰

價格／100g包裝 513日圓（含稅）
蒲刈物產股份有限公司
広島県呉市蒲刈町
大浦7407-1
tel.0823-70-7021
http://www.moshio.co.jp/

充滿海藻精華的五島藻鹽

矢堅目藻鹽

長崎

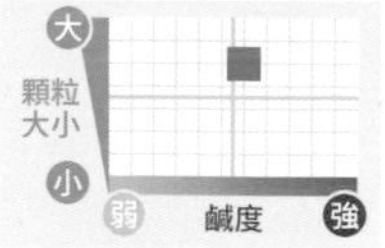

製鹽廠裡有成排的大型平鍋。

這款傳統藻鹽產自建於五島列島新上五島沿岸的製鹽廠。馬尾藻在五島列島的美麗海洋中茁壯生長，將其曝晒乾燥後，浸漬於同樣取自五島海域的海水中，慢慢萃取出海藻的精華，再利用平鍋炊煮一天一夜。淡淡海潮香味、苦味與鮮味交織而成的藻鹽，若與食用油或檸檬一起搭配白身魚，可大幅提升魚的鮮味。

DATA

形　狀	凝聚狀
含水量	標準
鹽含量	76.2g
鈉含量	30.0g
製　程	浸漬／平鍋／乾燥
原　料	海水、馬尾藻

TASTE!

有適度鹹味、顯著苦味、高湯般的鮮味、如醋的酸味

建議搭配的食材&料理

生白身魚薄切片、白身魚天婦羅

價格／100g包裝 400日圓
矢堅目股份有限公司
長崎県南松浦郡
新上五島町網上郷688-7
tel.0959-53-1007
http://www.yagatame.jp/

藻鹽

比例絕佳且帶甜味的鹽

淡路島藻鹽（褐）PREMIUM

兵庫

這款藻鹽是使用淡路島的海水與日本國產的海藻，並由製鹽師慢慢炊煮、烘烤而成。帶有深邃的層次感，在淡淡的酸味之後，可感受到分量十足的甜味。海藻香味不會過於強烈，是特別適合搭配豆腐等清淡食材的藻鹽。

TASTE! 扎實的層次感與甜味

建議搭配的食材&料理 清湯、豆腐、味道較清淡的白身魚

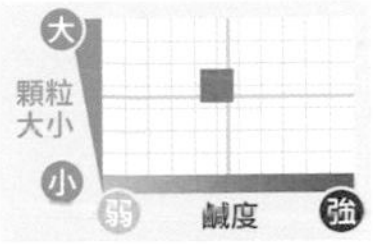

DATA

鹽含量 92.7g

鈉含量 36.5g

形　狀 片狀

含水量 乾燥

製程 逆滲透／浸漬／平鍋／烘烤

原　料 海水、海藻

價格／80g包裝 400日圓
多田哲學股份有限公司
兵庫県南あわじ市
榎列小榎列271-1
tel.0799-42-2231
http://www.e-moshio.com/

甜味高雅，名廚的愛用逸品

海部藻鹽

德島

自然豐饒的室戶阿南海岸國家公園沿太平洋側綿延200km，這家製鹽廠就位於其海岸線上。在清澈至極的新鮮海水中添加馬尾藻與黑海藻，再利用平鍋熬煮以提引出海藻的鮮味。結晶帶有海水的味道與高雅的甜味，持久而別具風味，是連知名義大利主廚都愛用的逸品。

TASTE! 有適度鹹味、海水味與海潮香味、清爽甜味

建議搭配的食材&料理 生鯛魚薄切片、淺漬小黃瓜與白菜

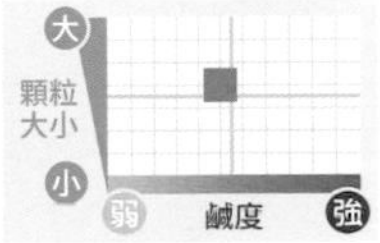

DATA

鹽含量 87.7g

鈉含量 34.5g

形　狀 凝聚狀

含水量 標準

製程 平鍋／浸漬／平鍋／烘烤

原　料 海水、馬尾藻、黑海藻

價格／80g包裝 600日圓
海部・SALT
徳島県海部郡
海陽町中山字チウゲ5
tel.0884-73-4140
http://www.kaifusalt.com/

以特產水雲製成的熱門沖繩鹽

水雲鹽

沖繩

沖繩縣在日本水雲的總採收量中占了9成以上。這款鹽便是以該縣特產的水雲所製成的藻鹽。鹽漬水雲泡水後會釋出水雲精華，花2～3個月讓萃取了水雲精華的鹽水靜置熟成，再以鍋釜炊煮，使其濃縮並結晶。充滿海潮風味，也是熱門的沖繩伴手禮。

TASTE! 帶有溫潤鹹味、清爽甜味與酸味

建議搭配的食材&料理 水雲天婦羅、鹽煮白身魚

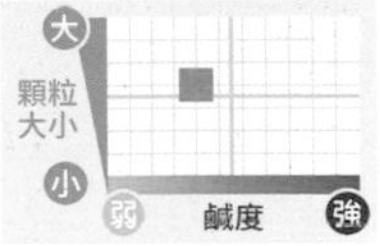

DATA

鹽含量 ——

鈉含量 ——

形　狀 粉碎狀

含水量 乾燥

製　程 浸漬／平鍋

原　料 海水、水雲

價格／100g包裝 430日圓
天然水雲中心
HAMAHIGA
沖縄県沖縄市池原1046
tel.098-938-0777

結合3種海藻而富含礦物質

佐渡藻鹽

新潟

製鹽工房。

這款鹽是在佐渡島西側的七浦海岸，使用於1～2月嚴冬時期採收而鮮味十足的銅藻、馬尾藻與黑海藻，以海水熬煮3天製作而成。結合3種海藻製成的藻鹽相當罕見，呈深褐色，可見飽含海藻的礦物質。帶有溫和的鹹味、濃郁的鮮味與甜味，以及如咖啡般的苦味。可提引出白飯、白身魚或烏賊等清淡食材的美味。

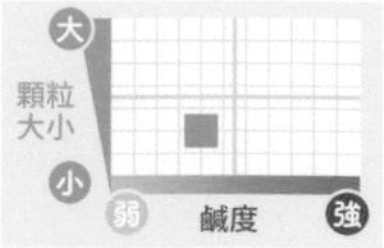

DATA

		形　狀	凝聚狀
		含水量	濕潤
鹽含量	61.5g	製　程	浸漬／平鍋
鈉含量	24.2g	原　料	海水、銅藻、馬尾藻、黑海藻

TASTE!

有溫潤鹹味、極其濃郁的鮮甜味、咖啡般的苦味

建議搭配的食材&料理

鹽飯糰、清湯、白身魚生魚片、使用咖啡的鹹味甜點

價格／200g包裝 870日圓
佐渡屋萬平商店
新潟県佐渡市真野新町286
tel.0259-55-2174
http://meoto.net/

日本顏色最深且香醇的藻鹽

蠟燭島藻鹽

島根

黃昏時分的蠟燭島。

隱岐島上有個美麗的風景勝地，黃昏時分沉入日本海的太陽與島影相疊的霎時間，看起來就像一根蠟燭，因而有「蠟燭島」之稱。製鹽廠位於這座無人小島附近，鹽的品名便是源自於此。這款鹽是日本顏色最深的藻鹽，不過海潮香味並不強烈，可感受到焦糖般的香氣、濃郁鮮味與成熟水果般的濃厚甜味。

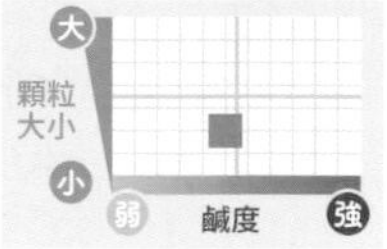

DATA

		形　狀	凝聚狀
		含水量	標準
鹽含量	（83.8g）	製　程	浸漬／平鍋／乾燥
鈉含量	33.0g	原　料	海水、黑海藻

TASTE!

有焦糖般香醇的苦味、淡淡海潮香味與鮮味、成熟水果般的甜味

建議搭配的食材&料理

鹽味布丁或是鹽味焦糖等鹹味甜點、鹽飯糰、芒果等南方各地的水果

價格／100g包裝 380日圓
八幡一正
島根県隠岐郡
隠岐の島町久見321-1
tel.08512-5-3624

鮮味暢快、與食材相融的藻鹽

出雲 鵜鷺藻鹽

島根

這款鹽是先熬煮出雲海域的海水，濃縮後靜置熟成一晚，取上方的清澈鹽水進一步熬煮成結晶，再與從當地採收的黑海藻中萃取出的精華混合而成。一開始感覺較淡，但味道會漸漸擴散開來。在藻鹽中屬於味道較暢快的類型。

TASTE! 有適度鹹味、如日本酒的苦味、清爽的鮮味

建議搭配的食材&料理 烤蔬菜、鹽烤白身魚

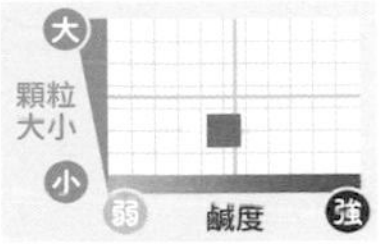

DATA

鹽含量 88.0g

鈉含量 34.6g

形　狀 凝聚狀

含水量 濕潤

製　程 平鍋／混合

原　料 海水、黑海藻

價格／120g包裝 300日圓

鵜鷺元氣會

島根県出雲市

大社町鷺浦1045-1

tel.0853-53-5635

充滿天然鹿尾菜的鮮味

弓削鹽

愛媛

弓削島漂浮於瀨戶內海，平安末期曾是負責向京都東寺繳納鹽的鹽莊園而繁榮一時，是歷史悠久的鹽產地。這款藻鹽便是利用平鍋熬煮弓削島產的天然鹿尾菜與海水，使其濃縮並結晶。連舌尖都能確實感受到鹿尾菜的鮮味。如鐵般的酸味與赤身魚堪稱絕配。

TASTE! 有海潮香味、鹿尾菜味、鐵般的酸味、土香味

建議搭配的食材&料理 鹽飯糰、鮪魚生魚片

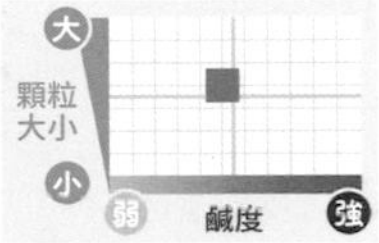

DATA

鹽含量 (91.6g)

鈉含量 36.1g

形　狀 凝聚狀

含水量 標準

製　程 浸漬／平鍋

原　料 海水、鹿尾菜

價格／80g包裝 540日圓(含稅)

島之會社股份有限公司

愛媛県越智郡

上島町弓削下弓削830-1

tel.0897-77-2232

與高中生共同開發、兼具層次與甜味的藻鹽

黑潮町黑鹽

高知

因爲町公所的提案而開始與當地高中生共同投入開發，最終創造出這款使用當地產褐藻苷苔製成的藻鹽。透過天日法來濃縮海水後，添加褐藻苷苔，再利用平鍋熬煮成結晶。鹹味較強，層次鮮明，還能從餘韻深處感受到甜味。

TASTE! 帶有強烈鹹味、層次感與隱含的甜味

建議搭配的食材&料理 燉魚、炸牛蒡

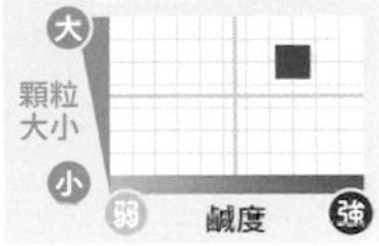

DATA

鹽含量 92.0g

鈉含量 35.1g

形　狀 凝聚狀

含水量 濕潤

製　程 天日／浸漬／平鍋

原　料 海水、褐藻苷苔

價格／100g包裝 350日圓

海工房 有限公司

高知県幡多郡

黒潮町浮鞭3369-13

tel.0880-43-1432

Chef's Interview 2

天婦羅小野

志村幸一郎店長

鹽是一種有故事性的調味料，只要經過巧妙運用，可讓餐桌更顯華麗

搭配冬季的食材更能發揮鹽的力量

「天婦羅小野」的店開在東京八丁堀。據說店長志村幸一郎先生是從大型食品貿易公司轉職，投身廚師的世界發展，資歷相當獨特。對志村店長而言，鹽意味著什麼呢？他如此回道：「鹽是不可或缺的存在。對於只用油煎炸新鮮食材、這般極簡的日本料理來說，鹽能夠增添更多樣的層次感。」

目前店裡的吧檯上經常備有2種鹽，一種是「輪島海鹽」，與人類礦物質比例相近而味道與成分都達到絕佳平衡；另一種則是「石垣鹽」，口感銳利而解油膩，會在店裡烘烤過再端出來，所以顆粒細緻，

8月下旬採訪當天，志村店長熟練地為我們炸了4道嚴選的季節食材。①土壤栽培而成的碩大「秋季蘘荷」，搭配充分沐浴陽光而帶酸味的天日鹽「山鹽小僧」。②「帶頭炸蝦」搭配的是帶有檸檬般酸味的「阿敦紅鹽」。③「悠游香魚」搭配能襯托苦味的「死海湖鹽」。④「秋葵」則搭配鮮味強烈的「佐渡深海鹽」等，配合食材佐上不同的鹽。

可與炸得酥脆的麵衣和諧相融。

「前者顆粒大而溶解慢，比較容易感受到甜味。後者則溶解快，帶有較銳利的鹹味。兩者爲味道的對照組。不僅如此，13道套餐料理也會搭配約10種不同的鹽，讓顧客好好享受當季的食材。」

天婦羅料理可以「品嚐食材最美味的瞬間」，據說其中又以冬季時最能發揮出鹽的力量。

「這是因爲魚類會隨著水溫下降而緊實肉身以儲存脂肪，白子與魚卵等油脂豐腴的食材也大多盛產於冬季。」

天婦羅是連同油與麵衣吃下肚，如果食材本身脂肪含量高，難免攝取過多油脂。「如果要緩解天婦羅濃厚的油膩感，鹽比什麼都有效。我習慣選擇可讓天婦羅的油膩變得清爽的鹽，尤其是含鐵而帶酸味的。」

在鹽的作用下，提引出天婦羅的豐富滋味

志村店長表示，「炸天婦羅說起來其實就是脫水作業」。問及原因時，他解釋道：「從食材中逐漸脫去水分後，餘留下來的是味道與香氣。這正是食材本身的魅力所在。天婦羅這種料理的關鍵就在於，油炸的過程中應該脫去多少水分來增強味道與香氣。」

誠如他所言，以蝦子爲例，製成天婦羅後，通常肉身會更緊實，且比生食更能感受到進一步濃縮的甜味與鮮味。

「保留食材的味道與香氣後，要強調哪一種味道則取決於鹽的作用。」

以鈣含量高的食材爲例，若搭配鎂與鐵含量較高而可感受到苦味與層次感的鹽，在味道的對比下，會凸顯出鈣的甜味；反之，若搭配鈣含量較高的鹽，在同種味道的相乘效應下，則會增添鮮味。

此外，店長還傳授了一些另類的使用方式。當客人在享用套餐的途中停筷時，會仿效法式料理中的冰沙（轉換口味用的雪酪）概念，爲料理佐上一小撮風味各異的鹽品，或是在甜的無酒精飲料之中加入微量的鹽。

「只要改變隨餐附上的鹽，或利用鹽品稍微改變一下口味，便可以讓味覺煥然一新呢。」

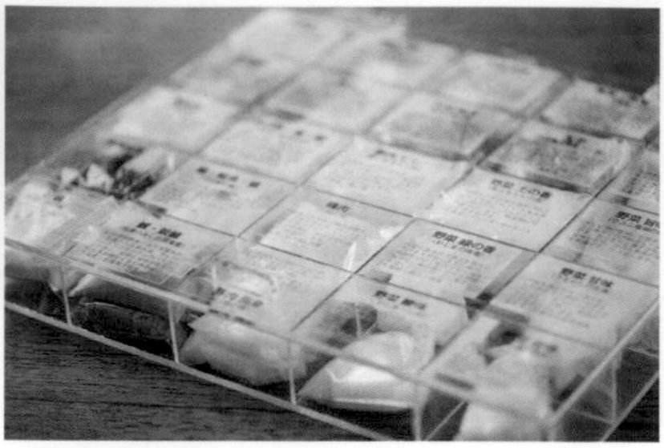

⑤～⑥是從日本各地海洋與山區送來的季節食材，在素色原木吧檯裡面熠熠生輝。 ⑦志村店長引以為傲的綜合鹽拼盤。網羅了國內外25種各具特色的鹽。盒蓋上密密麻麻標示著契合的食材或鹽的特色等靈活運用的必要資訊。

透過「綜合鹽拼盤」喚起對飲食的感動

志村店長雖然嘴上說著「我對鹽沒有那麼強烈的執著」，但如今常備的鹽已經超過20種，不僅會配合食材，甚至還根據顧客的飲品分別運用。

「轉變的契機始於6年前，我認識了鹽品鑑師青山志穗。她熟知各種鹽的特色，並以此爲我延伸講解鹽與食材之間的配對。我便是在那個瞬間把天婦羅與鹽連結起來。」

其後又在反覆交流的過程中，完成了「綜合鹽拼盤」。透明的盒子裡，特色豐富的25種鹽成排並列，著實壯觀。據說志村店長的英語能力也是一流，鹽的展示令人動容，據說也很受慕名而來的國外顧客喜愛。

「味道自不待言，在料理的世界裡，令人著迷的技術，也就是「華麗感」也是不可或缺的。各國的美食專家看到這個綜合拼盤都激動不已呢。諸如法國最優秀的國家級大廚、好萊塢電影相關人員等知名人士，似乎更能理解這個綜合拼盤的價值。」

家家戶戶都必備的鹽，究竟有什麼了不起的呢？

「因爲鹽是一種有故事性的調味料。有25種鹽就有25種不同的風景與故事。如果顧客也能在品嚐的過程中享受這些故事，交流自然也會更緊密。」

我們在訪談的最後又問了店長如何在家裡享受鹽的樂趣。

「鹽乍看之下的確樸實無華，不過正因如此，才更應該著眼於其背後的故事，並試著搭配契合的食材一起使用。希望大家在家裡也能這般靈活運用。不僅能讓餐桌與談話更加熱鬧，最重要的是，僅僅是巧妙地運用鹽，就能讓料理變得出奇美味。」

志村幸一郎

出生於埼玉縣。在大型食品貿易公司負責物流建構協商與商品開發，同時在餐廳進行料理培訓。2006年結婚，就此成為「天婦羅小野」的第二代店長。發揮其英語能力，實踐重視溝通的服務。深受國外VIP顧客的信賴。走遍日本各地，致力於將現採食材製成天婦羅來宴客的「真正充滿生命力的天婦羅」，並在國外舉辦公開表演、媒體活動等，為了普及天婦羅與日本飲食而活躍於日本與海外。於2016年就任內閣府酷日本政策的地區製作人。http://tempura-ono.com/

Shop Data

天婦羅小野

地址：東京都中央区八丁堀2-15-5 第5三神ビル3F
TEL：080-4093-9761
公休日：週六、週日與國定假日
營業時間：17：30～21：00（L.O.）
交通方式：東京地下鐵日比谷線「八丁堀站」A5出口徒步2分鐘

Part 3

色澤迷人的
岩鹽

岩鹽是採掘自散布於世界各地的岩鹽層。
日本無岩鹽可採，不過岩鹽在全球鹽總產量中占了約6成，
是地球上最常見的鹽。
含括紅色、粉紅、透明，甚至是黑色，
以如寶石般的結晶來彩綴餐桌，想必十分賞心悅目。

岩鹽

巴基斯坦旁遮普省的岩鹽礦山，可採掘到「水晶岩鹽」（p.124）。

岩鹽約占全球鹽總量的6成，可謂海水的化石

岩鹽形成的過程有多種情形，主要是因爲遠古時期發生的地殼變動使海水封閉於大地之中，經過漫長歲月蒸發乾燥形成鹽湖，產生鹽的結晶，之後土砂再堆積其上形成岩鹽層。大部分的「岩鹽」都是從這種岩鹽層中挖出的產物。岩鹽可謂從約5億年前至200萬年前所形成的「海的化石」，其埋藏量高達數千億噸。主要產地是埋藏量豐富的美國、德國、義大利、西班牙、巴基斯坦等國的內陸地區，是挖掘已經結晶的鹽，所以生產效率良好，約占全球鹽產量的6成。不過日本並沒有岩鹽層。

構成鹽的各種礦物質在形成固體時的濃度各異，所以岩鹽層會依成分大致劃分爲鈉層、鈣層等。岩鹽的特色在於不含以鎂成分爲主的鹽滷水，結晶比海鹽還要堅硬且不易溶解。

岩鹽的採掘方式有2種。若採取直接挖出結晶的方法，岩鹽容易受到土壤所含成分影響，不僅採掘方便，還可享受該土地特有的特色；另一方面，若是採取以水溶解鈉層後取出並使其再次結晶的方法，土壤的成分會沉澱而不會含括在其中，形成的鹽之鈉純度接近100%，因此岩鹽原有的特色也就蕩然無存。

Topics 根據顏色差異來辨別成分！

白 White

結晶原本是透明的，但光在其中折射而呈白色。幾乎不受土壤的影響，是岩鹽中鈉純度較高的部分。

紫 Purple

主要產自西藏或印度等地，受到岩漿高溫燒熔的影響，是硫磺含量高的岩鹽。硫磺獨特的甜味以及氣味別具特色。含量高則會發黑而不再適合食用。

粉紅 Pink

主要產自巴基斯坦與玻利維亞的岩鹽，土壤所含的氧化鐵已滲入鹽的結晶中，故呈粉紅色。這種鐵質不為人體所吸收，但會有股源自鐵的酸味。含量高則會發黑而不再適合食用。

藍 Blue

主要產自伊朗，是富含鉀的岩鹽。鉀含量高而鈉純度相對較低，所以鹹味溫潤而酸味強烈，給人沁涼冰冷的感覺。

透明 Clear

若幾乎不受土壤影響且在無折射的情況下成長，則會形成透明的結晶。透明度高的岩鹽產量少而稀有。

---

check! 岩鹽的採掘法

乾式採礦法

此法是挖掘出坑道通往岩鹽層，將岩鹽以炸藥或切割機等工具粉碎成適當的大小，再利用輸送帶之類的設備運至地面。是直接開採受到土壤影響的岩鹽，所以染成粉紅或藍色等顏色的岩鹽都是透過此法取得的。挖掘完畢的岩鹽礦山會作為核廢料的儲存庫，或是因為空氣清淨而作為哮喘患者的療養地等。

溶解萃取法

此法是從地面挖井通往埋於地底的岩鹽鈉層，透過管道施加壓力以注入淡水，使岩鹽溶解化為鹽水，再往上吸至地面。隨後利用某些方式使其結晶並以鹽的形式包裝出貨，或是維持濃縮鹽水的狀態作為工業用途。危險性比乾式採礦法低，可有效率地採鹽。此外，土壤所含的鐵質等別具特色的成分會在溶解時沉澱，從而形成鈉純度接近100%的岩鹽。

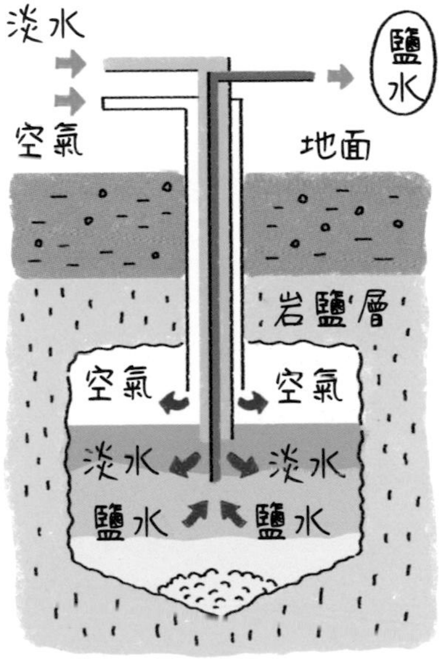

溶解萃取法無須使用炸藥或投入大量人力即可採鹽，所以危險性低。

令日本人深深著迷的粉紅色海水化石

帕哈爾岩鹽

巴基斯坦

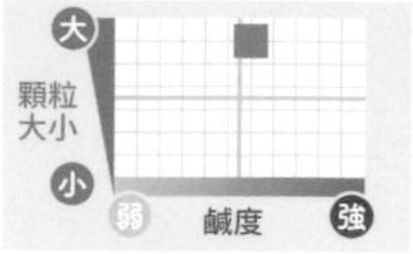

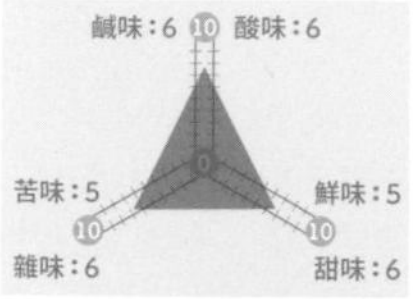

DATA

鹽含量	94.5g
鈉含量	39.0g
鉀含量	340mg
鎂含量	140mg
鈣含量	360mg

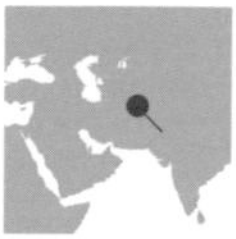

原產地
巴基斯坦

形　狀	粉碎狀
含水量	乾燥
製　程	採掘／洗淨／乾燥／粉碎
原　料	岩鹽

TASTE!

有稍強的鹹味、源自鐵的淡淡酸味。味道簡樸

建議搭配的食材&料理

牛排、油煎菠菜等鐵含量高的蔬菜、油脂豐腴的鮪魚

距離巴基斯坦首都伊斯蘭瑪巴德約6小時的車程，在印度河流域的荒涼沙漠地帶，有座號稱全球最大規模的帕哈爾岩鹽礦山。一般認爲是海床因爲地殼變動而急遽隆起，歷經約6億年的歲月後，於該地形成了岩鹽層。

據說創業者櫻井史標先生在旅居巴基斯坦期間曾因中暑而幾乎昏厥時，一口氣喝光當地司機推薦的粉紅色顆粒與水後，轉眼間便恢復了大半。這正是他與帕哈爾岩鹽的邂逅。

後來，他爲了符合日本高品質的標準而興建工廠，僅針對顏色特別深的粉紅色優質岩鹽加以商品化。味道乾淨無雜味，搭配菠菜、西洋菜等鐵含量高的蔬菜，或是油脂較多的牛肉，可進一步加深食材的層次感。粗磨款與粉末款也一應俱全。

採掘自地下200m的岩鹽礦脈。僅挑選呈漂亮粉紅色的岩鹽，運至日本後才做最後的加工處理。

價格／120g包裝 571日圓
office21股份有限公司
東京都中央区
新川2-12-14松谷ビル201
tel.03-3523-1099
http://www.of21.co.jp/

悠久時光培育出的淡紅色寶石

巴基斯坦

粉紅岩鹽

這款岩鹽是在巴基斯坦喜馬拉雅山脈的山腳下，歷經6億年歲月所形成的結晶。選擇深色岩層開採出的結晶宛如珊瑚般美麗動人。帶有稍強的鹹味與源自鐵的酸味，讓油脂變緊實，確實提引出牛肉的鮮味與甜味。另有供應塊狀款與細粒款。

TASTE! 有較強的鹹味、源自鐵的酸味

建議搭配的食材&料理 牛排、炙燒油脂豐腴的鮪魚或鰹魚

原產地 巴基斯坦

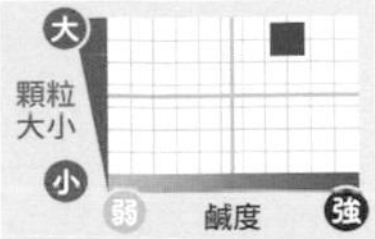

DATA

鹽含量（95.7g）

鈉含量 37.7g

形　狀 粉碎狀

含水量 乾燥

製　程 採掘／洗淨／粉碎

原　料 岩鹽

價格／400g包裝 1300日圓

FAR EAST 股份有限公司

埼玉県飯能市大河原33-1

tel.042-973-2060

http://fareastinc.co.jp/

來自南美大地，口感溫潤的粉紅鹽

玻利維亞

玫瑰鹽

這款岩鹽產自玻利維亞的安地斯山脈，鐵與鈣的含量高。精選出雜質較少的上等鹽塊，運至日本後再悉心進行最後的加工。在粉色岩鹽中屬於味道較溫潤的類型。搭配油脂較少的肉類，可加深肉的鮮味。

TASTE! 有溫潤鹹味、源自鐵的酸味、淡淡苦味

建議搭配的食材&料理 炙燒油脂較少的牛肉或豬肉

原產地 玻利維亞

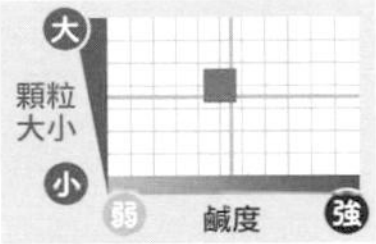

DATA

鹽含量 97.8g

鈉含量（38.5g）

形　狀 粉碎狀

含水量 乾燥

製程 採掘／洗淨／乾燥／粉碎

原　料 岩鹽

價格／200g包裝 400日圓

Marukyo-a.net股份有限公司

東京都千代田区二番町11-10

麹町山王ビル101

tel.03-3264-1239

http://www.marukyo-a.net/

口中餘韻綿長的鹽

巴基斯坦

喜馬拉雅產粉紅岩鹽

這款岩鹽採掘的鹽層與「水晶岩鹽」（p.124）為同一岩層，含有大量的鐵。在喜馬拉雅岩鹽中屬於鉀含量較高的類型。搭配鐵含量較高的菠菜或油菜花，可大幅帶出味道的深度。務必用研磨罐磨碎，享受在舌尖上逐漸溶化的顆粒感

TASTE! 有適宜的鹹味、源自鐵與鉀的酸味、淡淡苦味

建議搭配的食材&料理 牛肉、赤身魚、香煎或燒烤油菜花等鐵含量較高的蔬菜

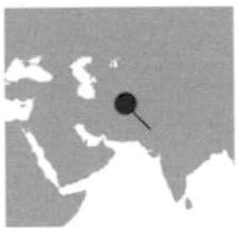

原產地 巴基斯坦

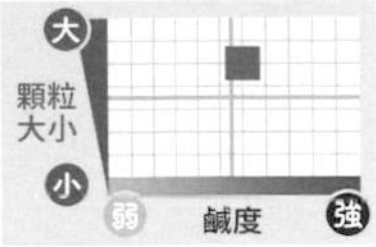

DATA

鹽含量（98.5g）

鈉含量 38.8g

形　狀 粉碎狀

含水量 乾燥

製程 採掘／洗淨／乾燥／粉碎

原　料 岩鹽

價格／100g包裝 444日圓

源氣商會

神奈川県横浜市戸塚区

俣野町1403-10-108

tel.045-777-6920

http://www.genkishoukai.com/

來自美國最好的鹽產地：猶他州

真鹽

美國

美國猶他州的原住民留意到動物爲了攝取鹽分而舔舐大地的身影，從而發現此鹽。鐵含量高，黑色結晶也隨處可見。較強的鹹味與酸味可襯托牛肉的甜味與鮮味。這款鹽於2001、2003年在全美飲食專家齊聚的品評會中獲得金獎。

TASTE! 有強烈鹹味、源自鐵的酸味、強烈雜味

建議搭配的食材&料理 牛排、炸牛排

原產地 美國

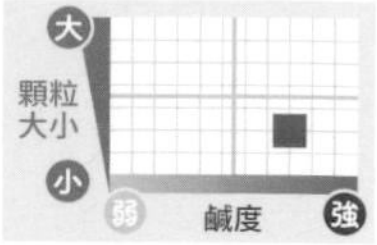

DATA

鹽含量（98.0g）

鈉含量 38.6g

形　狀 粉碎狀
含水量 乾燥
製　程 採掘／粉碎
原　料 岩鹽

價格／135g包裝 450日圓
Japan Salt股份有限公司
東京都中央区京橋1-7-1
八重洲ダイビル5F
tel.0120-16-4083
http://www.japan-salt.com/

安地斯山脈的暗紅色寶石

安地斯紅鹽

玻利維亞

這款淡粉色岩鹽採掘自玻利維亞的安地斯山脈。在因爲地殼變動而隆起超過3000m的地層中，歷經3億年時間自然形成結晶。岩石內含鐵質，不過本身風味近似於醋的酸味，所以也很適合搭配白身魚等清淡的食材。

TASTE! 帶有適宜的鹹味與酸味、柑橘般的苦味

建議搭配的食材&料理 葡萄柚、醃漬烏賊、檸檬醃生魚

原產地 玻利維亞

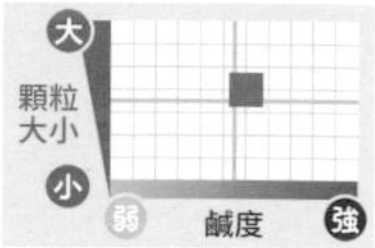

DATA

鹽含量 99.5g

鈉含量 39.2g

形　狀 粉碎狀
含水量 乾燥
製　程 採掘／洗淨／粉碎
原　料 岩鹽

價格／250g包裝 350日圓
TSK股份有限公司
京都府綴喜郡宇治田原町
郷之口末田39-2
tel.0774-99-7557
http://benijio.jp/

鉀含量高的酸味鹽

波蘭岩鹽

波蘭

維利奇卡鹽礦以鹽造宮殿著稱，這款鹽便是在其岩鹽溶解而成的鹽水中混合鉀含量高的岩鹽，再透過立鍋法使其再度結晶。在岩鹽中屬於鉀含量極高的類型，入口即化，可感受到一股沁涼味。鈉純度低，鹹味較淡。

TASTE! 源自鉀的沁涼酸味

建議搭配的食材&料理 哈密瓜與酪梨等鉀含量較高的水果、炸物

原產地 波蘭

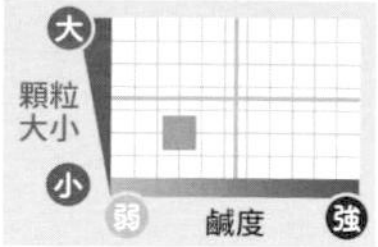

DATA

鹽含量 74.9g

鈉含量 29.5g

形　狀 立方體
含水量 乾燥
製　程 溶解／立鍋／乾燥
原　料 岩鹽

價格／250g包裝 500日圓
女性創業網絡
東京都足立区
梅島1-13-3-301
tel.03-3889-2951

採自波斯大地的藍色結晶

波斯岩鹽 結晶

伊朗

美麗的藍色岩鹽層。

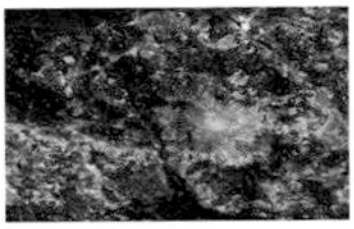

在伊朗南部以波斯岩鹽採掘地而聞名的庫山礦區中，也只有極少部分的區域有產出這種綻放藍色光芒的稀有岩鹽。鈉含量比例極低，鉀含量較高，所以幾乎感受不到鹹味，但會留下爽口的酸味、礦物般的沁涼味與雜味。推薦給須限制鈉攝取量的族群。顆粒較粗，利用研磨罐磨碎即可。

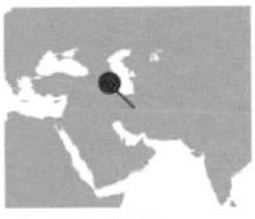

原產地 伊朗

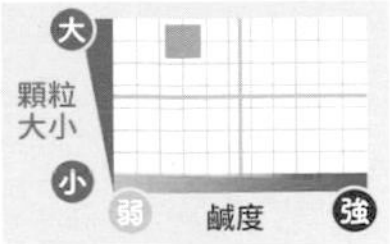

DATA

鹽含量	98.6g
鈉含量	19.3g

形　狀	粉碎狀
含水量	乾燥
製　程	採掘／粉碎
原　料	岩鹽

TASTE!

有礦物般的沁涼味、爽口酸味、雜味

建議搭配的食材&料理

炸物、鉀含量較高的水果

價格／100g包裝 待定價格
ochiai.com有限公司
静岡県富士市横割6-1-12
tel.0545-30-8835
http://www.77ochiai.com/

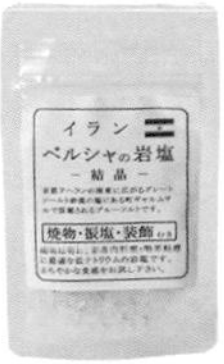

預防老化、抗氧化力高的健康鹽

岩漿鹽

印度

這款紫色岩鹽採掘自中國西藏自治區的喜馬拉雅山脈標高5000m處。內含大量硫磺，抗氧化力高，據說在當地曾被視作藥材使用。如溫泉蛋般的硫磺味與甜味令人印象深刻，撒在蝦蟹類食物上可進一步襯托食材甜味。與蘆筍亦是絕配。此外，建議作爲浴鹽使用，只須在200L的熱水裡添加一小撮（50～70g），即有滋潤肌膚的效果。

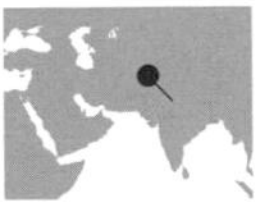

原產地 印度

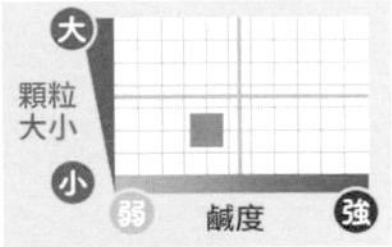

DATA

鹽含量	98.3g
鈉含量	38.7g

形　狀	粉碎狀
含水量	乾燥
製　程	採掘／粉碎
原　料	岩鹽

TASTE!

帶有強烈的硫磺味與甜味

建議搭配的食材&料理

蝦蟹等甲殼類、雞蛋、紅葡萄酒、使用食用油烹煮的料理

價格／100g包裝 960日圓
SEARUN股份有限公司
栃木県足利市
問屋町1184-7
tel.0284-72-7526
http://www.searun.jp/

採自「世界屋脊」喜馬拉雅，2億年前的鹽

喜馬拉雅山麓岩鹽

尼泊爾

這款紫色岩鹽是採自尼泊爾的喜馬拉雅山脈。為近年發現的岩鹽，據判是於約2億5000萬年前形成結晶，後來又經過岩漿熱能的烘烤。內含大量硫磺，可減少促使人類老化的活性氧，是衆所周知抗氧化力絕佳的鹽。

TASTE! 帶有強烈的硫磺味與甜味

建議搭配的食材&料理 蝦蟹等甲殼類、雞蛋

原產地 尼泊爾

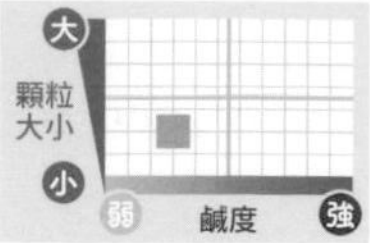

DATA

鹽含量 99.8g

鈉含量 39.3g

形　狀 粉碎狀

含水量 乾燥

製　程 採掘／粉碎

原　料 岩鹽

價格／100g包裝 590日圓
ochiai.com有限公司
静岡県富士市横割6-1-12
tel.0545-30-8835
http://www.77ochiai.com/

略甜的硫磺味令人上癮

孟加拉岩鹽 Kala namak

印度

這款深紫色岩鹽採掘自印度西北部喀喇崑崙山脈山麓的喀什米爾岩鹽層。內含大量硫磺，入口後會有股獨特的甘甜香氣撲鼻。這股別具特色的硫磺味最適合用來為溫潤的口味增添層次感。

TASTE! 有強烈硫磺味與甜味、較強的雜味

建議搭配的食材&料理 蝦蟹等甲殼類、雞蛋

原產地 印度

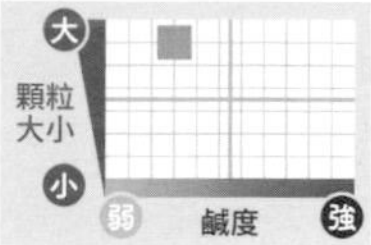

DATA

鹽含量 96.9g

鈉含量 38.1g

形　狀 粉碎狀

含水量 乾燥

製　程 採掘／粉碎

原　料 岩鹽

價格／100g包裝 380日圓
ochiai.com有限公司
静岡県富士市横割6-1-12
tel.0545-30-8835
http://www.77ochiai.com/

罕見的波斯黑鹽

波斯岩鹽 黑鹽

伊朗

這款黑色岩鹽採掘自伊朗首都德黑蘭東南方的庫山礦區。受到土壤中金屬離子的影響而染了色，不過並沒有太過獨特的風味。鹹味適度且持久，可從中感受到雜味與苦味。顏色罕見，建議可作為附餐沾鹽。

TASTE! 有持久的適度鹹味、雜味與苦味

建議搭配的食材&料理 鹽烤油脂豐腴的鯖魚、堅果或豆類沙拉

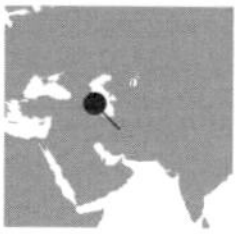

原產地 伊朗

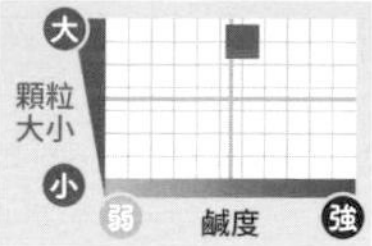

DATA

鹽含量 98.6g

鈉含量 19.3g

形　狀 粉碎狀

含水量 乾燥

製　程 採掘／粉碎

原　料 岩鹽

價格／100g包裝 590日圓
ochiai.com有限公司
静岡県富士市横割6-1-12
tel.0545-30-8835
http://www.77ochiai.com/

岩鹽

培育於西伯利亞地底700m的純白結晶

西伯利亞岩鹽 Mix

俄羅斯

從地底深處運出的鹽。

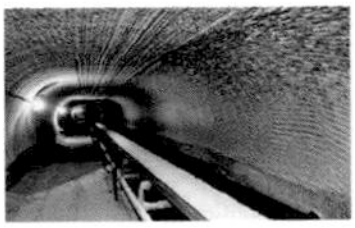

這款岩鹽是利用巨型挖掘機，從西伯利亞地底約700m的岩鹽層中挖掘出的產物。遠古時期的海洋並未接觸到外界，故推測是歷經2億多年所形成的結晶。柔和的鹹味之後，會有股令人愉快的酸味與苦味，還有股甜味的餘韻擴散開來。與豬肉或雞肉等白肉類格外契合，微粒與中粒相混而可與食材和諧相融。在俄羅斯國內被視爲高級岩鹽，是衆所周知的逸品。

原產地 俄羅斯

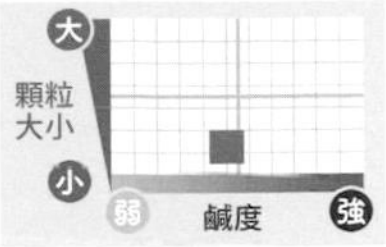

DATA

		形　狀	粉碎狀
		含水量	乾燥
鹽含量	98.8g	製　程	採掘／粉碎
鈉含量	38.8g	原　料	岩鹽

TASTE!

有溫和鹹味、令人愉快的酸味、甜味

建議搭配的食材&料理

香煎豬肉或是雞肉、雞肉火腿、鹹豬肉、湯品

價格／150g包裝 300日圓
門股份有限公司
熊本県八代市港町262-20
tel.0965-37-0031
http://russia-shop.jp/

從蒙古大自然孕育出的神之鹽

蒙古自然岩鹽 健康神之鹽

蒙古

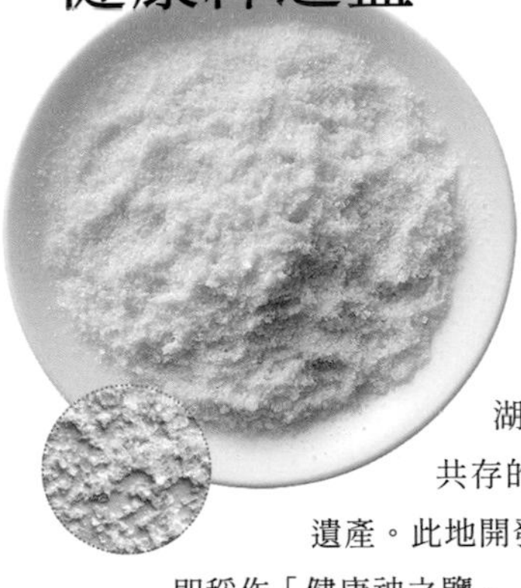

位於烏布蘇盆地的岩鹽礦山。

這款岩鹽來自蒙古西北部的烏布蘇盆地。該地區爲沙漠、冰河、濕地與湖泊等各種自然景觀共存的祕境，已列爲世界遺產。此地開發出的岩鹽自古以來即稱作「健康神之鹽」，有時甚至作爲藥材使用，是相當貴重的產物。來自鈣的甜味恰到好處，可襯托肉類脂肪的甜味，酸味適宜且餘味暢快。

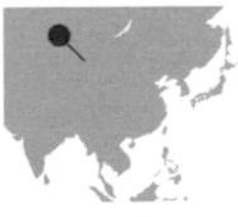

原產地 蒙古

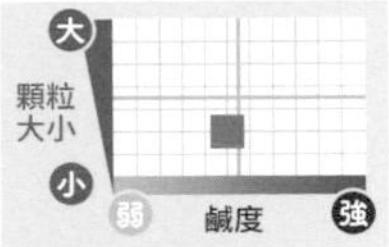

DATA

		形　狀	粉碎狀
		含水量	乾燥
鹽含量	99.3g	製　程	採掘／粉碎
鈉含量	39.1g	原　料	岩鹽

TASTE!

有適宜的鹹味、爽口的酸味、餘味清爽

建議搭配的食材&料理

鹽煮或香煎豬肉或羊肉

價格／350g包裝 600日圓
ARIMA JAPAN
股份有限公司
東京都千代田区
神田小川町2-8-20
tel.03-5217-0432
http://www.arima-japan.co.jp/

宛如水晶。沉眠於地底的稀有鹽之寶石

水晶岩鹽

巴基斯坦

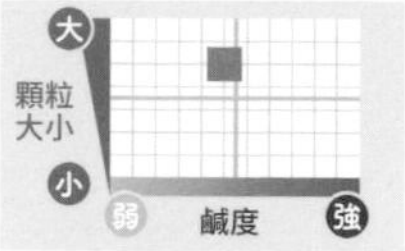

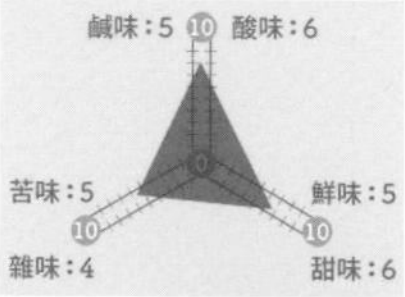

DATA

鹽含量	（99.3g）
鈉含量	39.1g
鉀含量	110mg
鎂含量	34mg
鈣含量	110mg

原產地
巴基斯坦

形　狀	粉碎狀
含水量	乾燥
製　程	採掘／洗淨／粉碎
原　料	岩鹽

TASTE!

溫潤的鹹味之後，會有淡淡甜味與乾燥干貝般的鮮味。乾淨無雜味

建議搭配的食材&料理

中式湯品、使用海鮮類製成的料理、干貝、番茄等鮮味強烈的蔬菜

剛採掘出的巨大鹽塊。不僅可食用，據說也有不少人會買較大型的鹽塊作觀賞用。

價格／250g包裝 723日圓
源氣商會
神奈川県横浜市戸塚区
俣野町1403-10-108
tel.045-777-6920
http://www.genkishoukai.com/

喜馬拉雅山脈最西側的巴基斯坦旁遮普省，昔日有乾陀羅之稱，這款岩鹽便是從位於該省的岩鹽層中採掘出的。岩鹽層全長達300km，也是世界上衆多岩鹽層中最古老的一個，一般推測爲約2億5000萬多年前的地層。

一般來說，巴基斯坦的岩鹽鐵含量高而大多呈粉色，這款岩鹽卻如水晶般無色透明。採掘量不到整座岩鹽層的5%，極其稀少。據說能淨化體內並賦予能量，在歐洲自古以來相傳的「鹽水療法」中被視爲「最好的鹽」。

鈉含量高，鹹味卻十分溫潤且乾淨無雜味。溶解於水後，還會釋出如乾燥干貝般的濃郁鮮味。務必透過中式湯品或使用海鮮類製成的料理來享受其深邃的滋味。

透明度高而珍貴的喜馬拉雅岩鹽

乾陀羅岩鹽 水晶鹽

巴基斯坦

這款岩鹽挖掘自喜馬拉雅山脈最西側的克烏拉岩鹽礦山，據說最初是古代亞歷山大大帝發現的。如此透明的岩鹽實屬罕見。建議發揮其適度的鹹味與硬質的顆粒，撒在麵包等料理上作爲頂飾配料。

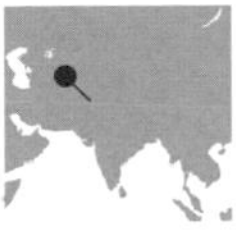

原產地 巴基斯坦

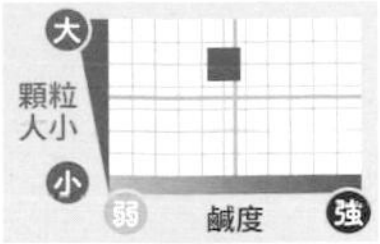

DATA

鹽含量	98.6g
鈉含量	38.8g

形　狀	粉碎狀
含水量	乾燥
製　程	採掘／粉碎
原　料	岩鹽

價格／100g包裝 330日圓
ochiai.com有限公司
靜岡県富士市横割6-1-12
tel.0545-30-8835
http://www.77ochiai.com/

TASTE! 帶有適度的鹹味。乾淨無雜味

建議搭配的食材&料理 炙燒厚切豬肉、撒在佛卡夏或蝴蝶脆餅上當頂飾配料

適合搭配濃郁食材或炸物的四川鹽

四川省岩鹽

中國

四川省是位於中國內陸地區的知名鹽產地。用水溶解遠古時期形成的岩鹽層，再透過立鍋法使其結晶，形成這款透明的岩鹽。強烈的鹹味最適合搭配炸物。還略帶甜味與苦味，用於油煎的雞蛋料理還能巧妙地襯托味道。

原產地 中國

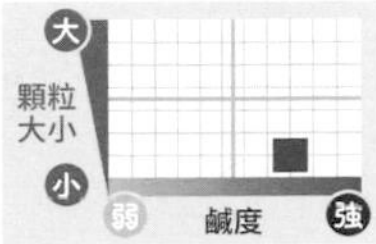

DATA

鹽含量	96.5g
鈉含量	38.0g

形　狀	粉碎狀
含水量	乾燥
製　程	溶解／立鍋
原　料	岩鹽

價格／100g包裝 330日圓
ochiai.com有限公司
靜岡県富士市横割6-1-12
tel.0545-30-8835
http://www.77ochiai.com/

TASTE! 有較強的鹹味、微微甜味與淡淡苦味

建議搭配的食材&料理 日式炸雞、炒蔬菜、番茄炒蛋

---

salt column

又大又硬的鹽建議使用「研磨罐」

當想直接使用鹽品但其結晶過大時，有研磨罐會比較方便。尤其是岩鹽，有許多又大又硬的結晶，可像胡椒粒般先用研磨罐磨碎後再使用。

研磨罐是爲了香氣較容易揮散的香料類而開發的產品，在使用前才研磨。過去以金屬製刀片或旋轉軸居多，用來磨鹽特別容易生鏽，不過如今有愈來愈多不會生鏽的陶瓷製產品。裝進研磨罐裡的鹽應選擇不易受潮、作爲上菜前的撒鹽等適合做味道的最後調整且鈉含量高的鹽。尤其推薦往往鈉成分偏多的岩鹽。

沉眠地底1000m的岩鹽與伏流水鹽

寮國天然岩鹽

寮國

鹽山並列成排的鹽田。

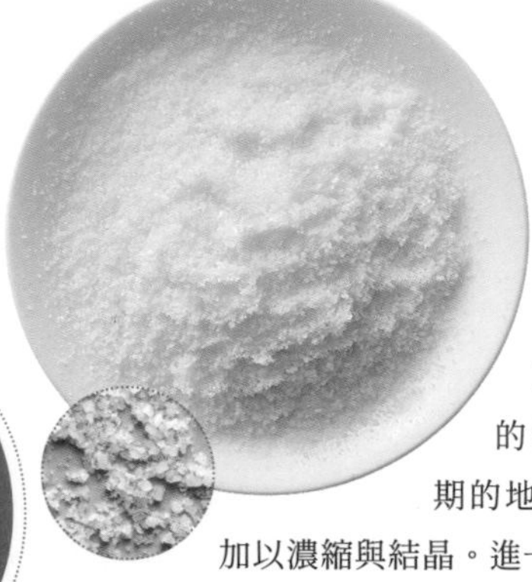

這款岩鹽產自東南亞唯一的內陸國：寮國。自地底1000m、約4億年前的岩鹽層汲取遠古時期的地下鹽水，在鹽田中加以濃縮與結晶。進一步利用調整過濃度的鹽水加以清洗，去除雜質即完成。帶有溫潤的鹹味、濃郁的鮮味與甜味，可巧妙提引出番茄等滋味濃郁的蔬菜或白色豆類的層次感。

原產地 寮國

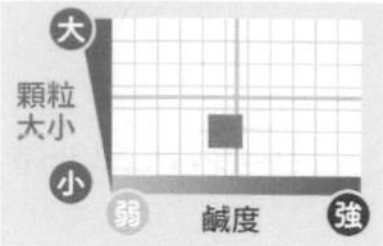

DATA

		形　狀	粉碎狀
		含水量	乾燥
鹽含量	（89.4g）	製　程	天日／洗淨
鈉含量	35.2g	原　料	岩鹽

TASTE!

有溫潤鹹味、適宜的苦味、甜味與鮮味

建議搭配的食材&料理

番茄等鮮味濃郁的蔬菜、橄欖油煎鷹嘴豆

價格／300g包裝 1500日圓

TMI股份有限公司

東京都中央区

日本橋小伝馬町3-8 TIビル2F

tel.03-3666-6622

http://www.tmi1.co.jp

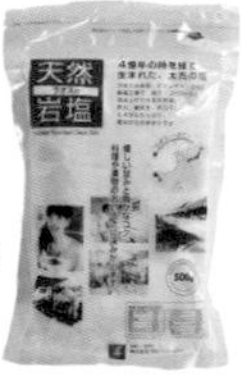

培育自阿爾卑斯山自然中的德國家庭鹽

阿爾彭岩鹽

德國

自然景觀壯闊的阿爾卑斯山脈。

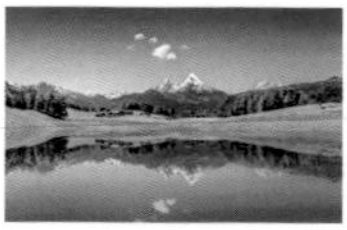

這款德國產岩鹽以藍色紙罐爲人所熟悉。利用阿爾卑斯山的天然水溶解巴特賴興哈爾2億5000萬年前的岩鹽層，去除雜質後，透過立鍋法使其結晶，再拌入碳酸鈣與碳酸鎂，其效果爲耐潮濕且能常保乾燥。苦味較淡，可感受到暢快的鹹味與源自鈣的微微甜味。當成蔬菜的水煮鹽可防止煮得太爛。

原產地 德國

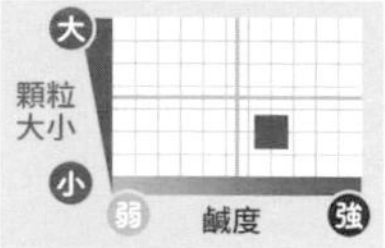

DATA

		形　狀	粉碎狀
		含水量	乾燥
鹽含量	73.9g	製程	溶解／立鍋／乾燥／混合
鈉含量	29.1g	原　料	岩鹽、碳酸鈣、碳酸鎂

TASTE!

有稍強的鹹味、純淨味道、清爽甜味

建議搭配的食材&料理

義大利麵或蔬菜的水煮鹽、香煎或鹽釜燒豬肉

價格／250g包裝 470日圓

SKW 東亞股份有限公司

東京都千代田区三番町2

三番町ＫＳビル

tel.03-3288-7352

http://www.alpensalz.co.jp/

鹹味純淨的西西里岩鹽

義大利

西西里岩鹽 粗粒

這款透明的岩鹽採掘自義大利西西里的岩鹽層。鹹味較強烈，味道乾淨無雜味，可讓油膩食物的餘味變清爽。價格平易近人，便於日常使用，建議用於製作日式梅乾等醃漬物。另有供應細粒款。

TASTE! 有強而純淨的鹹味、淡淡的甜味

建議搭配的食材&料理 義大利麵或蔬菜的水煮鹽、製作醃漬物、油煎旗魚

原產地 義大利

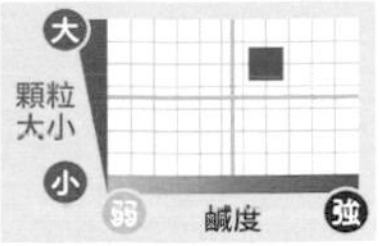

DATA

鹽含量 ——

鈉含量 ——

形　狀	粉碎狀
含水量	乾燥
製　程	採掘／粉碎
原　料	岩鹽

價格／500g包裝 475日圓
Japan Salt股份有限公司
東京都中央区京橋1-1-1
八重洲ダイビル5F
tel.0120-16-4083
http://www.japan-salt.com/

使用頻率高的乾燥型日常用鹽

奧地利

巴特伊施爾 奧地利阿爾卑斯岩鹽

奧地利的薩爾茨卡默古特地區因化作電影《真善美》的舞台而聞名。這款鹽便是將阿爾卑斯山自然景觀環繞四周的岩鹽層溶解後，透過立鍋法使其再次結晶。強烈的鹹味與苦味，搭配白身肉炸物再適合不過。

TASTE! 有稍強的鹹味與強烈苦味、淡淡酸味

建議搭配的食材&料理 炸豬排、日式炸雞等白身肉的炸物

原產地 奧地利

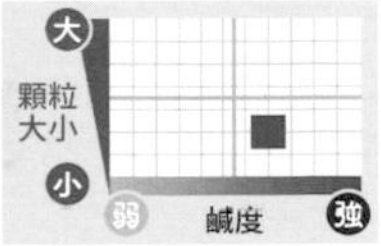

DATA

鹽含量 97.9g

鈉含量 38.5g

形　狀	立方體
含水量	乾燥
製程	溶解／立鍋／乾燥／混合
原　料	岩鹽、碳酸鈣、氯化鉀

價格／200g包裝 350日圓
mascot Foods股份有限公司
東京都品川区西五反田5-23-2
tel.03-3490-8418
http://www.mascot.co.jp/

銳利的鹹味適合搭配炸物

法國

洛林岩鹽

這款岩鹽產自法國東北部的洛林地區，此地自19世紀便持續採掘鹽礦，歷史十分悠久。將水注入岩鹽層中，汲取出經過濃縮的鹽水，透過立鍋法使其再次結晶。帶有強烈鹹味與無雜味的純淨風味，搭配炸物即可享受清爽的滋味。

TASTE! 有極強烈的鹹味、味道乾淨無雜味

建議搭配的食材&料理 炸物、義大利麵的水煮鹽

原產地 法國

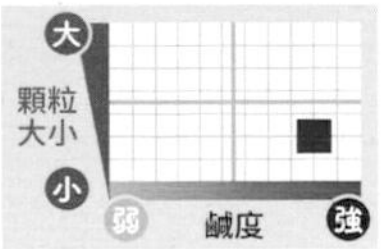

DATA

鹽含量 99.4g

鈉含量 39.1g

形　狀	立方體
含水量	乾燥
製　程	溶解／立鍋／乾燥
原　料	岩鹽

價格／250g包裝 170日圓
白松股份有限公司
東京都港区赤坂7-7-13
tel.03-5570-4545
http://www.hakumatsu.co.jp/

薄如花瓣且入口即化的片狀鹽

FOSSIL RIVER 薄片鹽

西班牙

以伏流水溶解2億4000萬年前的岩鹽層並汲取出來，透過天日法形成結晶並加以洗淨，製造出這款岩鹽。這款薄片結晶產自西班牙內陸地區地底深處的岩鹽層，在舌尖上緩緩溶化後，會有扎實的鹹味、溫潤的苦味與漸漸釋出的層次感擴散開來。

TASTE! 有扎實的鹹味、溫潤的苦味與緩而持久的層次感

建議搭配的食材&料理 涼拌豆腐、拌入食用油的豆腐沙拉、一分熟的牛肉

原產地 西班牙

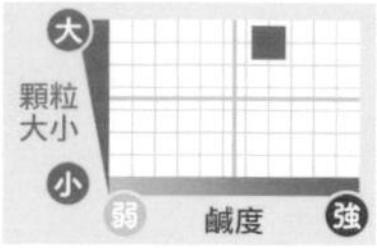

DATA

鹽含量	97.5g
鈉含量	38.4g
形　狀	片狀
含水量	乾燥
製　程	天日／洗淨
原　料	岩鹽

價格／60g包裝 1200日圓
medifar股份有限公司
東京都千代田区
九段北1-10-2 タイヤビル2F
tel.03-3261-3721
http://www.oliveoil-shop.jp/

在馬利被視為禮品的珍貴岩鹽

陶代尼村岩鹽

馬利

這款岩鹽採掘自陶代尼村，村子位於撒哈拉沙漠馬利共和國與阿爾及利亞國境附近。把切成塊狀取出的岩鹽堆放到駱駝背上，隨同沙漠商隊行經鹽路（Salt road）運往各地。恰到好處的鹹味與甜味很適合搭配乳製品。

TASTE! 有適宜的鹹味、苦味與酸味。充滿礦物質感

建議搭配的食材&料理 使用乳製品製成的料理、鹽漬豬肉

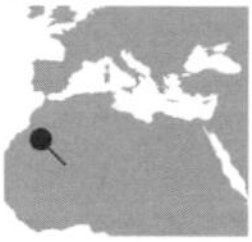

原產地 馬利

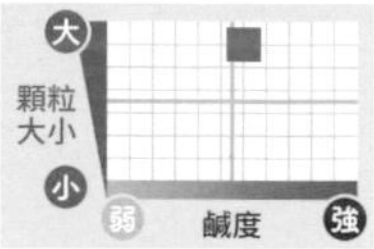

DATA

鹽含量	96.5g
鈉含量	38.0g
形　狀	粉碎狀
含水量	乾燥
製　程	採掘／粉碎
原　料	岩鹽

價格／100g包裝 待定價格
ochiai.com有限公司
静岡県富士市横割6-1-12
tel.0545-30-8835
http://www.77ochiai.com/

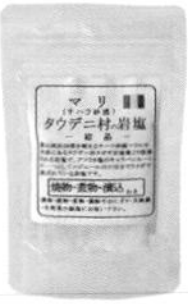

salt column 為了運鹽所開闢的道路

在缺乏岩鹽與鹽湖的日本內陸地區，除了極少數地區外，鹽都是從沿海地區運進來的。這種時候所行經的道路即稱爲「鹽路」，遍布日本各地。

較著名的有讓牛隻（方言稱爲「べコ〔BEKO〕」）駝著鹽從日本三陸海岸運至北上山地的「野田BEKO之道」，以及從新潟縣糸魚川連結至長野縣鹽尻而距離漫長的「千國街道」。千國街道還曾經在川中島之戰中，成爲上杉謙信贈鹽給武田信玄這段軼事的舞台。

另一方面，非洲雖無絲路，卻存在這種鹽路。那是一條超過700km的險峻道路，需耗費約3週才能橫越撒哈拉沙漠的路徑。時至今日，錯落分布於沙漠各處的岩鹽或從鹽湖中採集的鹽，仍多虧沙漠商隊利用駱駝運送，冒著生命危險持續交易。

Part 4

各式各樣類型特殊的
其他鹽類
〈湖鹽・地下鹽水鹽・調味鹽〉

南美玻利維亞著名的絕美景點烏尤尼鹽沼、
鹽度足以讓人體漂浮其上的死海等，
湖鹽便是以這類含鹽的湖水為原料。
地下鹽水鹽則是以溫泉水或地下水製成的結晶。
還有以鹽結合其他味道
與質地各異的食材所製成的調味鹽。
本章節將介紹各種變化豐富的鹽。

湖鹽

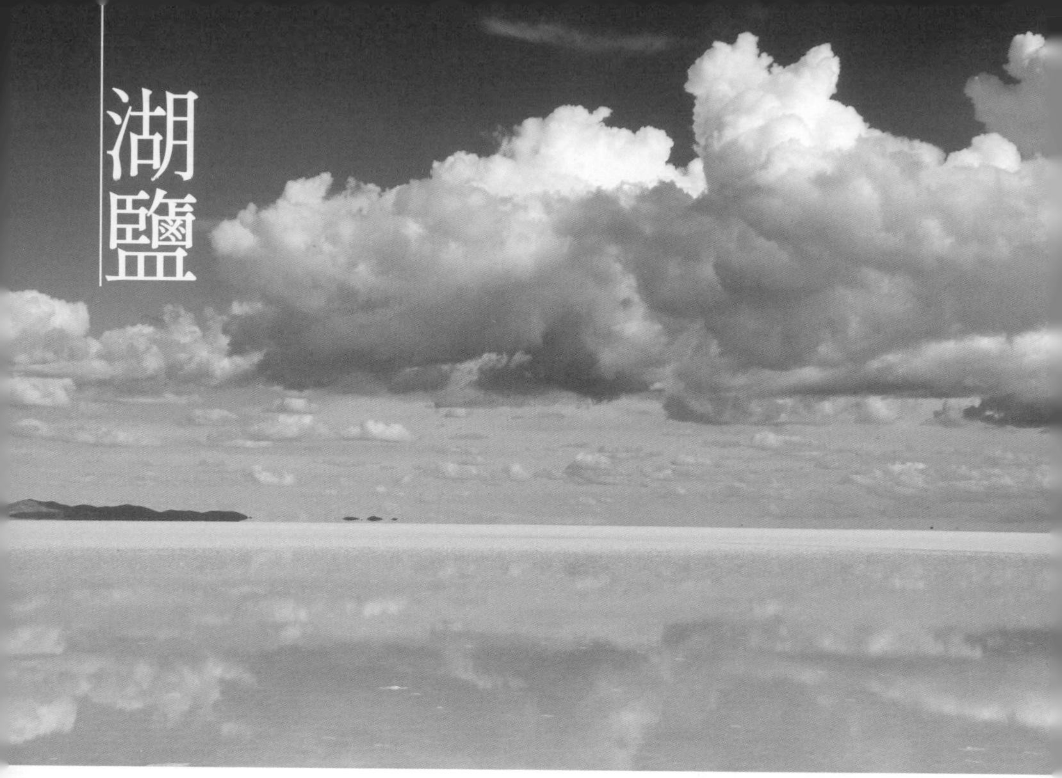

玻利維亞的烏尤尼鹽沼，
如鏡子般的湖面極美。

在鹽度高的湖泊中
自然結晶而成的鹽

鹽度高的湖泊即稱爲「鹽湖」，在其中自然結晶而成的鹽則稱作「湖鹽」，鹽湖有多種的形成過程。有些鹽湖是海水因地殼變動而被封閉於內陸，逐漸乾燥而形成；有些則是含鹽的水流入原爲盆地之處並形成湖泊，因沒有流出口導致鹽度逐漸升高而形成。此外，也有一些地區的鹽湖形成原因罕見，比如澳洲的德博若鹽湖，是因爲海水飛沫被強風吹送至內陸而使鹽度提高。這些湖泊大多沒有河川匯入，湖面平靜無波，所以平坦的鹽湖會如同鏡面般映照出周遭的景色。玻利維亞的烏尤尼鹽沼便是以這種絕美的景致而聞名。湖鹽的特色往往具有介於岩鹽與海鹽之間的性質。

check! 鹽湖的形成過程

海水因為遠古時期發生地殼隆起而殘留於陸地，水分在漫長歲月中不斷蒸發而形成鹽湖。

誕生自世界上零星絕美景點的純白結晶

天空之鏡 烏尤尼鹽

玻利維亞

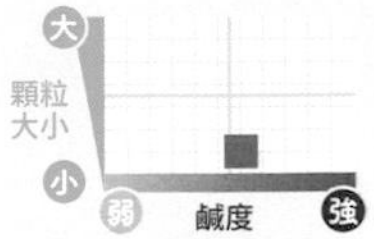

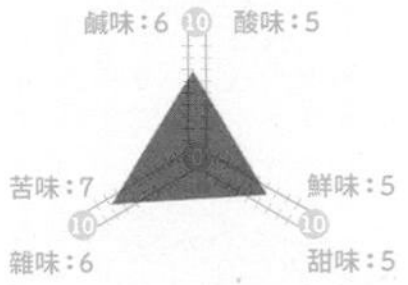

DATA

鹽含量	94.9g
鈉含量	37.4g
鉀含量	37.2mg
鎂含量	42.5mg
鈣含量	555mg

原產地
玻利維亞

形　狀　粉碎狀
含水量　乾燥

製　程　採掘／粉碎
原　料　湖鹽

TASTE!

有適度鹹味、顯著的鮮味與甜味、會想到肝臟的苦味

建議搭配的食材&料理

淺漬小黃瓜或白菜、豆腐或納豆、鰻肝湯、大腸等白色內臟料理、鹽烤香魚

於正值乾季的6月迎來採收旺季。化為鹽原的湖面上，隨處可見並排的鹽山。

價格／360g包裝 463日圓
藥糧開發股份有限公司
神奈川県横浜市西区
みなとみらい2-3-5
tel.0120-670-082
http://yakuryo.co.jp/

烏尤尼鹽沼是坐落於南美玻利維亞中央西部的鹽湖，被安地斯山脈環繞、標高約3700m處，其面積超過半個日本四國地區，號稱是全球規模最大的高地鹽田。約180萬年前由遠古海洋隆起所形成，是世界上最平坦的地方。充滿鹽水的湖面映照出天空的影像有「天空之鏡」的美譽，是世界屈指可數的絕景勝地。

進入乾季後，會將鹽切割成塊狀運出，粉碎並洗淨之後加工成商品，出口至世界各地。有一部分的鹽是從即便進入乾季鹽水也不會乾涸的地方採集到的片狀結晶，不過日本國內市面上幾乎沒有販售。這款鹽粉碎得細碎且結晶呈金字塔型，會在舌尖上迅速溶化，帶有適度的鹹味，顯著的鮮味與甜味，還可感受到如肝臟般的苦味。與小黃瓜、白菜等清淡蔬菜或白色內臟類簡直絕配。

誕生自全球鹽度最高湖泊的球形寶石

阿薩勒鹽

吉布地

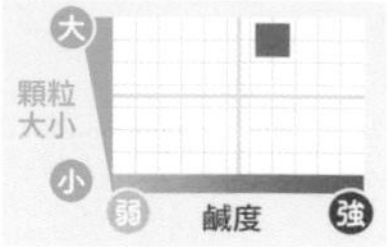

原產地 吉布地

DATA

		形　狀	球狀
		含水量	乾燥
鹽含量	(99.8g)	製　程	採掘
鈉含量	39.3g	原　料	湖鹽

TASTE!

有較強的鹹味與雜味、淡淡酸味與甜味

建議搭配的食材&料理

尤其適合白身生海鮮類

波浪拍打所形成的鹽體。

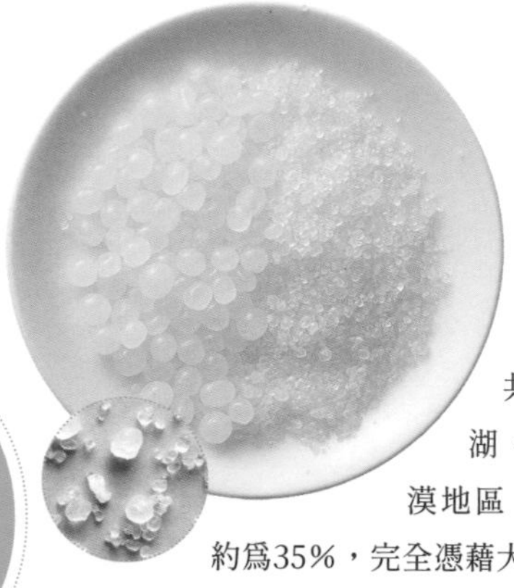

這款如同寶石般美麗的鹽球體，產自東非吉布地共和國的阿薩勒鹽湖。該鹽湖出現在沙漠地區，清澈湛藍且鹽度約爲35%，完全憑藉大自然的力量形成球狀結晶。鹽球在拍打的波浪間滾動而消磨了稜角。將放進冷凍庫冷卻的鹽鋪在盤子裡，上頭擺上生魚等帶水分的食材，不僅外觀華麗，還可享受絕妙的鹽量所帶來的樂趣。另有供應顆粒款。

價格／100g包裝 400日圓
FAR EAST 股份有限公司
埼玉県飯能市大河原33-1
tel.042-973-2060
http://fareastinc.co.jp/

湖鹽

salt column

全球最大的「鹽湖」是？

世界上最大的鹽湖是廣布於中亞的裏海。有俄羅斯、亞塞拜然、伊朗、土庫曼與哈薩克環繞於四周。面積約374,000平方公里，幾乎和日本國土一樣大。以「海」字命名，所以經常被誤以爲是海洋，但其實沒有流出口，只有水分蒸發而鹽度升高，因此符合「鹽湖」的定義。鱘魚等海鮮類的漁獲量豐富，自古即作爲東西交通要道，至今仍交通頻繁。

然而，自從發現裏海海底蘊藏著石油，沿岸國家之間便爆發「應視爲海洋」與「應視爲湖泊」的爭論，至今尚無定論。

裏海與巴庫油田的油井架。

靜謐鹽湖的結晶

死海湖鹽

以色列

此鹽結晶來自鹽度高達30%、生物無法棲息的死海。特色在於令人聯想到魚類內臟苦味，與日式炸西太公魚等料理堪稱絕配。可襯托其鮮味與苦味。

原產地
以色列

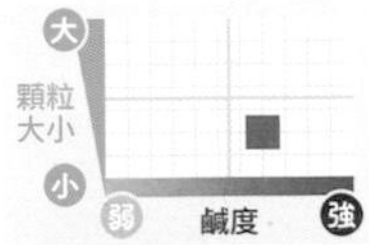

DATA		
	鹽含量	98.3g
	鈉含量	38.7g

形　狀　粉碎狀
含水量　乾燥
製　程　立鍋／粉碎／洗淨／乾燥
原　料　湖鹽

TASTE!　有適度鹹味、魚內臟般的苦味

建議搭配的食材&料理　香魚等河魚或連內臟一起食用的魚料理

價格／100g包裝 330日圓
ochiai.com有限公司
静岡県富士市横割6-1-12
tel.0545-30-8835　http://www.77ochiai.com/

鮮味十足的摩洛哥岩鹽

沙漠國之鹽

摩洛哥

利用因地底伏流水而溶解並湧出的岩鹽等來打造人工鹽湖，再將湖水引入鹽田中，透過天日法形成結晶。鹹味與苦味都適合搭配炸物。還帶股鮮味。

原產地 摩洛哥

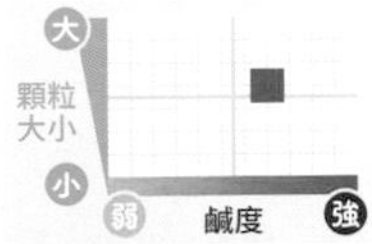

DATA		
	鹽含量	99.0g
	鈉含量	38.9g

形　狀　粉碎狀
含水量　乾燥
製　程　天日／粉碎
原　料　湖鹽（岩鹽・海水）

TASTE!　有強烈卻溫和的鹹苦味、高湯般的鮮味

建議搭配的食材&料理　炸豬排或可樂餅等炸物、蔬菜湯

價格／100g包裝 530日圓
ochiai.com有限公司
静岡県富士市横割6-1-12
tel.0545-30-8835　http://www.77ochiai.com/

產自南美鹽湖的鮮味鹽

沙漠之湖 沙里納湖鹽

秘魯

有座鹽湖位於橫跨秘魯與玻利維亞的廣大沙漠之中，這款鹽便是將其鹽水引入湖畔的凹陷處乾燥，再以土壤覆蓋保存。強烈的甜味與鮮味無比美味。

原產地 秘魯

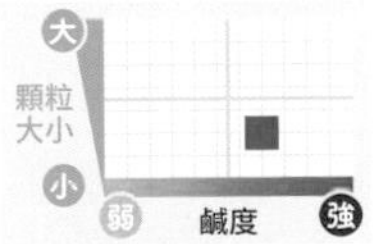

DATA		
	鹽含量	96.3g
	鈉含量	37.9g

形　狀　粉碎狀
含水量　乾燥
製　程　天日
原　料　湖鹽

TASTE!　有略強的鹹味、強烈的甜味與鮮味

建議搭配的食材&料理　豬肉、油脂豐腴的白身魚鹽釜燒

價格／100g包裝 380日圓
ochiai.com有限公司
静岡県富士市横割6-1-127
tel.0545-30-8835　http://www.77ochiai.com/

產自祕境的天然白色結晶

德博若湖鹽

澳洲

德博若湖是於約500萬年前形成的鹽湖，由隨著偏西風吹送的海水飛沫不斷蓄積而成。這款鹽帶有適合搭配蔬菜的甜味，已獲得澳洲的有機認證。

原產地 澳洲

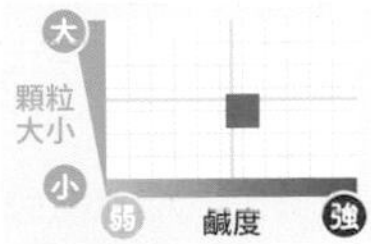

DATA		
	鹽含量	99.5g
	鈉含量	39.0g

形　狀　粉碎狀
含水量　標準
製　程　天日／洗淨／粉碎
原　料　湖鹽

TASTE!　適宜的鹹味後，有較強且持久的甜味與苦味

建議搭配的食材&料理　燉煮蔬菜、醃漬物

價格／500g包裝 300日圓
兼松鹽商股份有限公司
大分県中津市植野24-1
tel.0979-32-5698　http://kanematsu-salt.com/

這類源泉成了「甜品鹽」（p.136）的原料。

這類型的鹽會受到地下鹽水等土壤的影響

所謂的地下鹽水鹽，是指鹽的原料爲蓄積於地下且鹽度高的鹽水。大部分是來自埋藏於地底的岩鹽被流淌於地下的伏流水溶解後蓄積而成的鹽水，或是如臨近大海之處湧出的鹽化物泉般，受到海水影響而飽含鹽分的地下水。

地下鹽水長期滯留於地底，因此深受土壤影響，醞釀出的風味與海鹽或以鈉爲主成分的岩鹽截然不同。

此外，在有鹽化物泉湧出的日本內陸等地也有些罕見的案例，比如於約2300萬年前至500萬年前形成所謂的綠色凝灰岩，這種岩石含有少量海水，在火山熱能的加熱下，會溶解出海水成分。

Topics 日本的地下鹽水大多為鹽化物泉

日本受惠於大量源泉，也湧出不少飽含鹽分的溫泉。新潟縣與福島縣的山區、群馬縣的北部與長崎縣的小濱等地，都很盛行利用這類源泉從事製鹽業。然而，除了長野縣的大鹿村等部分地區外，大部分源泉的鹽度都比海水稀薄。由於製造效率不佳，目前全日本以鹽化物泉來製鹽的生產者屈指可數，成了相當稀有的鹽。

充滿澳洲大地營養的結晶

澳洲粉紅河鹽

澳洲

這款鹽是以地下鹽水為原料所產出的片狀鹽，其原料的鹽水採集自距離澳洲首都墨爾本西北部約500km處的內陸城鎮米爾杜拉。

墨累河流經的這一帶，自古以來降雨量少且高溫，水分在滲入地底前就會蒸發，所以地底的鹽分得以濃縮，並有鹽度高的地下鹽水積蓄其中。汲取這些地下鹽水注入鹽田，憑藉陽光與風力使其結晶。

受到鐵含量高的土壤影響，結晶呈美麗的淡橙色。此外，由於鈣含量高，鹹味的口感溫潤，帶有源自鐵的酸味，還有股如肉類或魚類富含的肌苷酸般顯著的鮮味，非常適合搭配牛肉或鮪魚等赤身肉或魚類。只須用手指輕輕捏碎撒在簡單煎過的食材上，即可享受在口中擴散的油脂鮮味與緩緩溶化的鹹味彼此交融而成的二重奏。

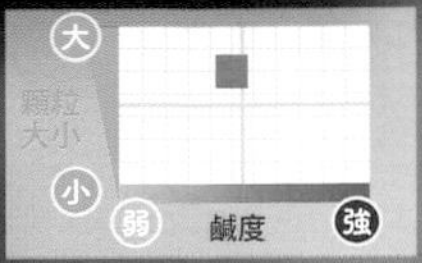

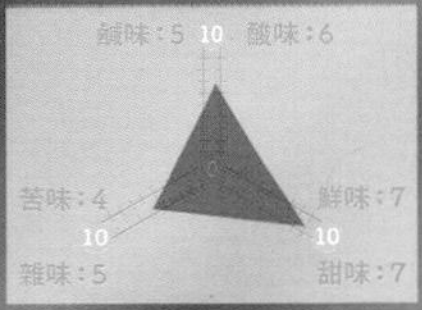

DATA

鹽含量	(96.5g)
鈉含量	38.0g
鉀含量	300mg
鎂含量	800mg
鈣含量	150mg

原產地
澳洲

形　狀	片狀
含水量	乾燥
製　程	天日
原　料	地下鹽水

TASTE!	帶有恰到好處的鹹味、源自鐵的酸味、扎實的鮮味
建議搭配的食材&料理	牛排、炙燒或香煎鮪魚前腹肉等油脂豐腴的赤身肉

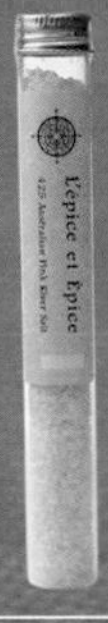

價格／20g包裝 756日圓（含稅）

Lepice et Epice
東京都目黒区
自由が丘2-9-6
tel.03-5726-1144
http://www.lepiepi.com/

產自天空鹽田、有600年歷史的天日鹽

印加天日鹽

秘魯

馬拉斯村的採鹽景致。

馬拉斯村坐落於安地斯山脈標高3000m的山腰處，從印加時代便始終如一地持續製鹽。遍布山區多達5000座的梯田還有「天空鹽田」之稱，可謂壯觀至極。這款鹽便是將岩鹽溶解所形成的地下鹽水引進鹽田中，再透過天日法加以濃縮與結晶。成品帶有溫潤的鹹味與濃厚的甜味，可不斷提引出馬鈴薯、紅蘿蔔或洋蔥等蔬菜的甜味。

原產地 秘魯

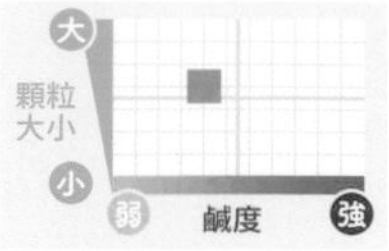

DATA

		形　狀	粉碎狀
		含水量	乾燥
鹽含量	95.7g	製　程	天日／粉碎
鈉含量	37.6g	原　料	地下鹽水（岩鹽）

TASTE!

帶有溫潤的鹹味、濃厚的強烈甜味

建議搭配的食材&料理

馬鈴薯或紅蘿蔔等加熱後會變甜的根莖類蔬菜、清蒸蔬菜

價格／100g包裝 300日圓
ARCO IRIS Company
股份有限公司
千葉県松戸市下矢切72
tel.047-711-5041
http://www.arcoiris.jp/

借溫泉之力炊煮而成的優質鹽

甜品鹽

長崎

悉心撈取結晶。

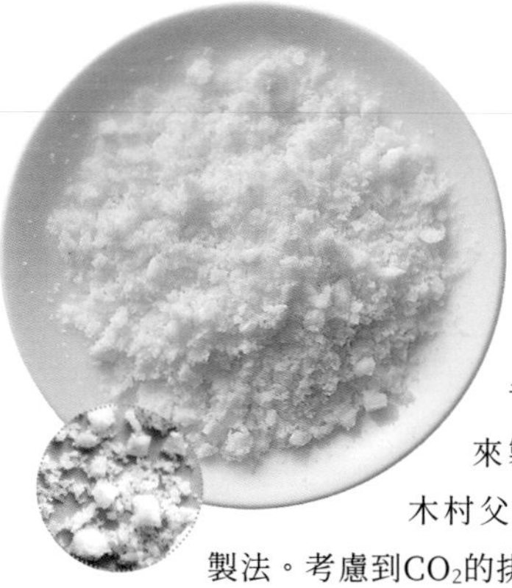

小濱溫泉已有370年歷史，其源泉溫度為日本最高，昔日曾利用溫泉水來製鹽。住在當地的木村父子親手恢復了這種製法。考慮到CO_2的排放量，利用源泉的熱能隔水加熱溫泉水，使其濃縮並結晶，再進一步曝晒陽光即可完成。這款鹽帶有較強烈的礦物質感與高雅的甜味，可大幅提升食材的美味。是連JR九州的豪華列車都採用之逸品。

原產地
長崎縣

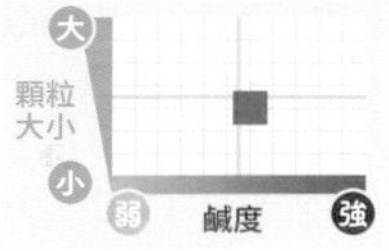

DATA

		形　狀	凝聚狀
		含水量	標準
鹽含量	60.7g	製　程	平鍋
鈉含量	23.9g	原　料	溫泉水

TASTE!

有適度鹹味、較強的礦物質感，餘韻有淡淡苦味與甜味。餘留薑般的香氣

建議搭配的食材&料理

鹽烤白身魚、水煮蛋、葉類蔬菜、薑汁麥芽糖飲、甜酒

價格／80g包裝 1000日圓
雲仙ECOLO鹽股份有限公司
長崎県雲仙市
小浜町マリーナ8-1
tel.095-856-9164
https://www.facebook.com/ecologeo

流傳著弘法大師傳說的溫泉鹽

會津山鹽

福島

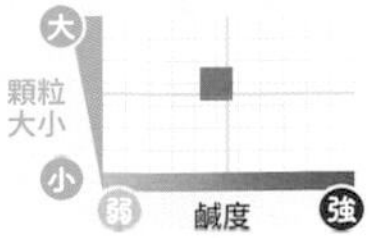

以柴火加熱的製鹽鍋釜。

據說福島縣的大鹽裏磐梯溫泉是弘法大師於1200年前發現的。相傳大師因憐憫陷入缺鹽困境的人們而舉辦了護摩火供法事，結果湧出了鹽水。溫泉水製鹽法在二戰後曾一度絕跡，不過又於2007年成爲社區營造的一環而復甦。利用平鍋慢慢炊煮鹽度低的溫泉水，藉此產生風味馥郁的鹽，可凸顯濃郁赤身肉與貝類的鮮味。

DATA

		形　狀	凝聚狀
		含水量	標準
鹽含量	78.0g	製　程	平鍋
鈉含量	30.5g	原　料	溫泉水

TASTE!

有適宜鹹味、鐵般的強烈酸味、強烈的礦物質感、適度的甜味與苦味

建議搭配的食材&料理

烤牛排或鹽烤赤身魚、牡蠣等貝類

價格／30g包裝 400日圓

會津山鹽企業組合

福島県耶麻郡北塩原村
大字大塩字太田2番地
tel.0241-33-2340
http://aizu-yamajio.com/

用海底溫泉水結晶、味道柔和的鹽

子寶溫泉鹽

鹿兒島

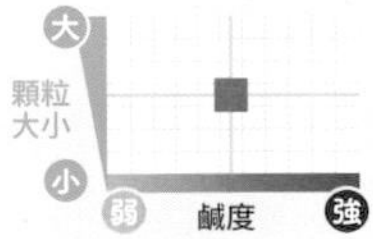

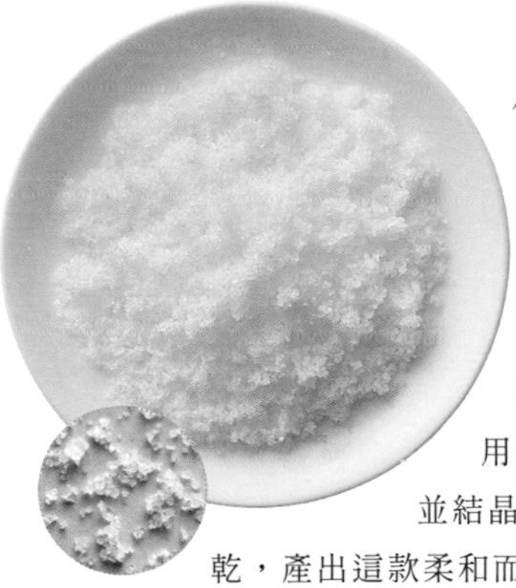

小寶島是鹿兒島縣吐噶喇群島的其中之一，據說有83℃的海水溫泉從海底湧出。汲取該處的溫泉水，利用平鍋炊煮使其濃縮並結晶，再透過天日法晒乾，產出這款柔和而溫潤的鹽。在淡淡酸味與雜味之後，會有鮮味與甜味的餘韻在口中擴散。味道均衡，顆粒也較小，是能與食材和諧相容的萬用鹽。尤其適合搭配水煮蛋、鹽煮花生、鹽飯糰等顏色素雅的食材。

DATA

		形　狀	凝聚狀
		含水量	標準
鹽含量	（75.6g）	製　程	平鍋
鈉含量	29.8g	原　料	海水（溫泉水）

TASTE!

有溫潤的鹹味、酸味與雜味，餘韻帶鮮味與甜味

建議搭配的食材&料理

水煮蛋、鹽煮花生、鹽飯糰

價格／250g包裝 650日圓

小林工房有限公司

鹿児島県鹿児島郡十島村
小宝島1-19
tel.09912-4-2000

混合西伊豆溫泉水與海水的鹽

三浦鹽

靜岡

坐望駿河灣的西伊豆三浦地區，在此湧出的源泉含有5種鹽的成分，這款鹽便是以汲取的溫泉水混合海水，並利用平鍋熬煮而成。帶有恰到好處的鹹味、強烈的苦味與雜味，可讓野菜或釜揚魩仔魚等帶苦味的食材昇華爲更具深度的滋味。

TASTE!	有適宜的鹹味、強烈的苦味與雜味
建議搭配的食材&料理	野菜天婦羅、釜揚魩仔魚、鹽烤白身魚

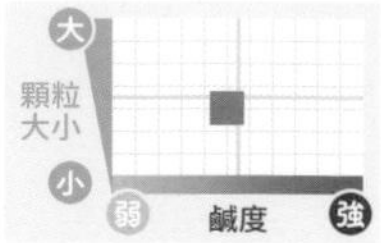

DATA

鹽含量	95.2g
鈉含量	37.5g
形　狀	凝聚狀
含水量	標準
製　程	平鍋
原　料	溫泉水、海水

價格／100g包裝 350日圓
松崎三浦溫泉股份有限公司
靜岡県賀茂郡松崎町
石部592-4
tel.0558-45-0759
http://www.sanpo-onsen.com/

積存山地養分、如高湯般的鹽

山鹽

長野

旅館「山鹽館」坐擁於南阿爾卑斯山區湧出的大鹿溫泉，此爲它們的自製鹽。溫泉水所含的鹽分高於海水，利用平鍋慢慢熬煮成鹽。只須簡單撒在鮮味強烈的蔬菜或白米上，即可增添味道的厚度，是猶如高湯般的鹽。過去曾作爲貢品進獻給大正天皇，堪稱逸品。

TASTE!	有溫潤鹹味、麩胺酸般的濃郁鮮味
建議搭配的食材&料理	鹽飯糰、番茄等鮮味濃郁的蔬菜

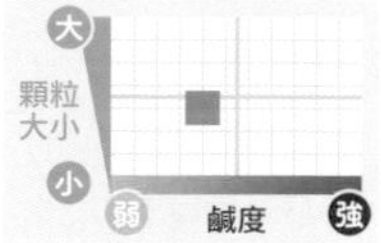

DATA

鹽含量	96.5g
鈉含量	38.0g
形　狀	凝聚狀
含水量	標準
製　程	平鍋
原　料	溫泉水

價格／50g包裝 550日圓
鹿鹽溫泉 湯元 山鹽館
長野県下伊那郡
大鹿村鹿塩631-2
tel.0265-39-1010
http://www.yamashio.com/

salt column　「堆鹽」的習俗源自於中國皇帝

在日本的店門口或公司玄關處經常可看到小鹽堆。據說是因爲可攬客招福，儼然成爲現代的日常風景。

這種習俗十分古老，有種說法認爲，可追溯至中國秦始皇統一天下的時期。大權獨攬的皇帝寵冠後宮佳麗三千，日日乘著牛車夜訪美人的寢宮。然而，由於后妃嬪妾如雲，皇帝每隔好幾年才會再次臨幸同一名佳人。於是有人想到了堆鹽這個辦法。拉牛車的牛隻需要攝取大量的鹽，所以只要在宮門口放鹽，牛便會爲了舔鹽而自己停下腳步，皇帝便不得不夜宿在該妃嬪的寢宮。

據說日本奈良時代與平安時代有女待嫁字中的人家，也會爲了讓貴族乘坐的牛車駐足而在玄關前堆鹽。

等待加工的「藍乳酪鹽」。（p.142）

調味鹽

可享受色澤與質地，別具特色的裝飾鹽

在鹽裡混合香料或香草拌製而成的產品統稱爲「調味鹽（Seasoning salt）」。「season」有「調味」之意，所以是指爲料理調味的鹽，或是經過調味的鹽。

最近調味鹽的生產已經不僅限於在現成的鹽裡混合其他材料，而是愈來愈多樣化，比如以海水基底醬汁或含鹽萃取物熬煮而成的鹽、經過燻製處理的鹽等。這類型的鹽大多帶有香氣，光靠這點便可左右料理的味道，因此無論是日常使用或用於宴客料理都很方便。

粉色或黑色等別具特色的色澤、混合各種素材所形成的質地與香氣，想必都能爲餐桌增添不少有別於日常的色彩。

燻製

smoke

經過燻製處理、
充滿煙燻味的調味鹽。
只須在上菜前輕撒少許，
便會有股芳醇的煙燻味
在餐桌上擴散開來。
即便是簡單的煎炒肉或蔬菜，
也能變成高級的宴客料理！

英國

馬爾頓 煙燻鹽

DATA

鹽含量	99.0g
鈉含量	39.0g
原　料	海鹽

有款英國產的金字塔型海鹽「馬爾頓 天然海鹽」（p.34），這款鹽即是利用英國櫟精心煙燻前者所製成。可享受鬆脆的口感。煙燻味很適合搭配肉類。

價格／125g包裝 680日圓
鈴商 股份有限公司
東京都新宿区荒木町23
tel.03-3225-1161
http://www.suzusho.co.jp/

賽普勒斯

地中海水晶煙燻鹽片

DATA

鹽含量	98.1g
鈉含量	38.6g
原　料	海鹽、煙燻香料

在漂浮於地中海的賽普勒斯島上手工製作金字塔型海鹽後，在其中添加燻製香料拌製而成這款鹽。結晶輕盈呈片狀，可享受鬆脆的口感。

價格／125g包裝 1600日圓
ARTE VITA有限公司
東京都世田谷区若林1-2-2-1001
tel.03-3487-3506
http://www.arte-vita.biz/

玻利維亞

燻製鹽

DATA

鹽含量	（97.7g）
鈉含量	38.5g
原　料	岩鹽

這款鹽來自義大利餐廳，是以玻利維亞產的粉紅岩鹽燻製而成。煙燻味不會過重而便於運用。利用容器上附帶的刀片研磨，適合搭配同樣經過輕微燻製的食材。

價格／50g包裝 1000日圓
Al-ché-cciano
山形県鶴岡市下山添一里塚83
tel.0235-78-7230
http://www.alchecciano.com/

斯洛維尼亞

亞得里亞海之風

DATA

鹽含量	—
鈉含量	—
原　料	海鹽

這款鹽是一位燻製專家迷上斯洛維尼亞產的海鹽後，費盡千辛萬苦完成的燻製鹽。芳醇的煙燻香味撲鼻，還有股鮮味在口中擴散。撒一點在肉類或雞蛋上就很美味。

價格／200g包裝 2000日圓
ENJI股份有限公司
長野県北佐久郡軽井沢町
大字長倉字中山 628－9
tel.0267-44-6700
http://www.kazenoshiwaza.com/

salt column

美味關鍵在於「鹹淡適中」

相較於砂糖等，鹽可使人感受到「美味」的濃度範圍要窄上許多，大約落在0.5%～3%。正如「鹹淡適中」這種說法所示，微妙的鹽量會大大左右美味程度。使用什麼類型的鹽固然重要，但若想提引出食材的美味，透過適當的鹽量來烹煮更是其中的關鍵。

調味鹽

混合
mix

調味鹽是在鹽裡添加
各式各樣的材料拌製而成。
經典的組合是混合香草或香料。
黑鹽是混合墨魚汁或黑炭，
呈現出焦香風味，
結合地方特產的調味鹽
也與日俱增。

義大利

松露鹽

DATA

鹽含量	95.8g
鈉含量	37.7g
原　料	海鹽、松露、香料

在義大利薩丁尼亞島產的海鹽裡，混合香氣馥郁的義大利產黑松露拌製而成。只須撒一點在雞蛋料理或水煮蔬菜上，即可呈現出餐廳級的豐富滋味。搭配天婦羅等日式料理也很對味。

價格／50g包裝 1944日圓
APA&IDEA股份有限公司
東京都文京区水道 2-11-10 大都ビル 2F
tel.03-5319-4455
http://www.apidea.co.jp/

法國

法式紅酒鹽 梅洛款

DATA

鹽含量	93.0g
鈉含量	35.5g
原　料	海鹽、梅洛葡萄酒、黑胡椒、白胡椒、紅胡椒、百里香、月桂、鼠尾草

這款鹽是將法國雷島產的海鹽浸泡在有機梅洛葡萄酒中，並混合多種香料拌製而成。撒在乳酪或牛肉上享用。另有希拉款與白蘇維濃款可供靈活運用。

價格／70g包裝 1300日圓
Francoise Japan有限公司
埼玉県上尾市浅間台4-19-25
tel.048-771-4749
http://www.francoisejapan.com/

美國

珍的瘋狂調味鹽

DATA

鹽含量	86.4g
鈉含量	34.0g
原　料	岩鹽、胡椒、洋蔥、大蒜、百里香、西洋芹、奧勒岡

這款鹽誕生於1960年代，是至今在世界各地仍備受喜愛的經典調味鹽。在美國產的岩鹽裡混合大蒜、百里香等多種香料與香草拌製而成。特別適合搭配肉類。

價格／113g包裝 627日圓
日本綠茶中心股份有限公司
東京都渋谷区桜丘町24-4東武富士ビル
tel.0120-821-561
http://www.jp-greentea.co.jp/

德國

阿爾彭香草鹽

DATA

鹽含量	81.5g
鈉含量	31.5g
原　料	岩鹽、荷蘭芹、西洋芹、洋蔥、羅勒、蒔蘿、馬鬱蘭、月桂葉、迷迭香、奧勒岡、百里香

這款鹽是在德國產岩鹽裡混合10種天然香草拌製而成。香氣馥郁的香草可為料理增添色彩與香氣。不僅限於雞肉或魚類，亦可結合油，作為沙拉醬的替代品。

價格／125g包裝 490日圓
SKW 東亞股份有限公司
東京都千代田区三番町2 三番町KSビル6F
tel.03-3288-7352
http://www.skwea.co.jp/

日本・靜岡

GARDENSTYLE FANCY MUSHROOM MIX

DATA

鹽含量	88.9g
鈉含量	35.0g
原　料	海鹽、岩鹽、牛肝菌、松露、黑蒜、香料

這款鹽是將牛肝菌、松露等散發馥郁香氣的素材，混入產自法國與沖繩的鹽中拌製而成。牛肉或奶油義大利麵在上菜前輕撒少許，不僅香氣四溢，還可享受濃郁的鮮味。

價格／90g包裝 500日圓
三角屋水產 有限公司
静岡県賀茂郡西伊豆町仁科1190-2
tel.0558-52-0132
http://sankakuya.shop-pro.jp/

加拿大

藍乳酪鹽

DATA

鹽含量	99.8g
鈉含量	39.3g
原　料	海水、藍乳酪

這款鹽是在「加拿大海鹽」（p.48）裡混合藍乳酪拌製而成。可享受顏色素雅而濃郁的乳酪風味。建議搭配馬鈴薯沙拉或炸馬鈴薯。佐葡萄酒享用也很搭。

價格／45g包裝 600日圓
IRONCLAD股份有限公司
広島県福山市神辺町新湯野64-4
tel. 084-962-5222
http://visalt.jp/

日本・神奈川

落花鹽

DATA

鹽含量	19.9g
鈉含量	7.8g
原　料	花生、天日鹽、腰果、芝麻、孜然

這款鹽的靈感是來自在歐洲頗受歡迎的綜合香料，以神奈川縣西湘產的花生、鹽與香料混合而成。花生的香氣與鮮味非常適合搭配雞蛋、烤魚、酪梨或沙拉。

價格／60g包裝 840日圓
落花Chè
神奈川県中郡大磯町大磯1668
tel.090-2645-6436
https://www.facebook.com/rakkache/

美國

夏威夷黑鹽

DATA

鹽含量	—
鈉含量	—
原　料	海鹽、黑炭

這款鹽是在夏威夷產的金字塔型鹽裡添加活性碳拌製而成。片狀結晶的特色在於其鬆脆的口感。佐牛排或是炙燒豬肉即可增添香氣。

價格／40g包裝 756日圓（含稅）
Lepice et Epice
東京都目黒区自由が丘1-14-8
tel.03-5726-1144
http://www.lepiepi.com/

日本・秋田

黑鹽

DATA

鹽含量	—
鈉含量	—
原　料	海水、青竹

這款鹽是將秋田縣的「男鹿半島鹽」（p.56）塞進孟宗竹中烘烤而成的黑鹽。香氣四溢且散發一股溫泉蛋般的淡淡硫磺味。與烏賊等白身肉生魚片堪稱絕配。

價格／40g包裝 500日圓
男鹿工房 股份有限公司
秋田県男鹿市船川港船川字海岸通2-9-5
tel.0185-23-3222
http://ogakoubo.com/

日本・石川

珠洲竹炭鹽

DATA

鹽含量	96.5g
鈉含量	38.0g
原　料	海鹽、青竹

這款鹽是將遵循古法製成的珠洲海鹽，塞進能登三年生青竹中，再由炭烤師傅烘烤而成。可為汆燙得十分軟嫩的肉或稍微烤過的牛排增添香氣。

價格／100g包裝 602日圓
新海鹽產業有限公司
石川県珠洲市長橋町15-18-11
tel.0768-87-8140
http://www.suzutennen-shio.jp/

賽普勒斯

賽普勒斯黑鹽片

DATA

鹽含量	97.0g
鈉含量	38.2g
原　料	海鹽、食用炭

這款鹽是在賽普勒斯產的金字塔型海鹽裡混合竹炭拌製而成。作為烤牛排等赤身肉料理的最終調味鹽，可添加結晶的鬆脆口感與香氣，很適合用來增添料理的層次。

價格／28g包裝 676日圓
APA&IDEA股份有限公司
東京都文京区水道2-11-10 大都ビル 2F
tel.03-5319-4455
http://www.apidea.co.jp/

日本・熊本

檸檬鹽

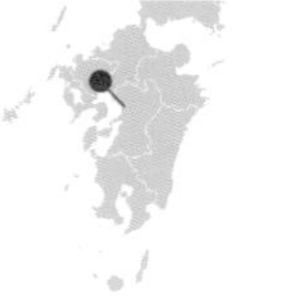

DATA

鹽含量	——
鈉含量	——
原　料	海鹽、檸檬

這款鹽是在熊本縣產的海鹽裡，混合有機栽培的檸檬粉拌製而成。保有滿滿的檸檬風味，撒在日式炸雞上便無須再淋檸檬汁。可隨意運用於炸物或沙拉等日常料理中。

價格／25g包裝 450日圓
Salt Farm 有限公司
熊本県熊本市中央区中唐人町292
tel.096-355-4140
http://saltfarm.jp/

日本・愛媛

蜜柑鹽

DATA

鹽含量	67.9g
鈉含量	27.0g
原　料	海鹽、蜜柑粉、辛香料

這款鹽是以蜜柑粉（愛媛縣產溫州蜜柑的皮經過冷凍乾燥後製成的粉末）與「伯方之鹽」（p.83）拌製而成。辛香料增添了層次，搭配巧克力也很契合。

價格／18g包裝 400日圓
伊方服務股份有限公司
愛媛県西宇和郡伊方町九町字浦安1-1349-1
tel.0894-39-0902
http://www.mikanpowder.jp

日本・德島

酢橘鹽

DATA

鹽含量	——
鈉含量	——
原　料	海鹽、酢橘

這款鹽是在德島縣鳴門的海鹽裡混合特產酢橘粉拌製而成。香氣馥郁的酢橘風味可讓肉類料理或炸物吃起來更清爽。亦可作為天婦羅的沾鹽。是通過認證的觀光特產品。

價格／55g包裝 500日圓
HAS商會有限公司
德島県勝浦郡勝浦町三渓豊毛本19-1
tel.0885-42-4559
http://www.has710.com/haslabo/

日本・新潟

竹之滴

DATA

鹽含量	——
鈉含量	——
原　料	海鹽、山白竹

這款鹽是在新潟縣產的海鹽裡混合山白竹精華拌製而成。清爽的竹葉香氣撲鼻，還可感受到淡淡的甜味。不僅可用於料理，搭配紅豆或香草冰淇淋也很美味。

價格／130g包裝 649日圓
日本海企劃有限公司
新潟県村上市勝木63-2
tel.0254-77-3009
http://www.isosio.com/

日本・沖繩

石垣鹽 辣木

DATA

鹽含量	76.3g
鈉含量	32.6g
原　料	海鹽、辣木

這款鹽是將辣木（以超級食物名聞遐邇的西洋山葵樹）的粉末加進「石垣鹽」（p.98）裡拌製而成。含在嘴裡會有甜味與淡淡的苦味擴散開來。適合作爲天婦羅等炸物的沾鹽。

價格／20g包裝 880日圓
石垣島辣木有限責任公司
沖繩県石垣市登野城217
tel.0120-499-334
http://www.ishigakijima.ne.jp/

日本・靜岡

山葵美味鹽

DATA

鹽含量	42.5g
鈉含量	16.7g
原　料	食鹽、麥芽糖、昆布粉末、山葵、香料

這款鹽是在日本國產海鹽中混合國產山葵粉拌製而成。還添加了日高昆布的粉末，製成能襯托山葵辣度且帶鮮味的鹽。建議作爲生魚片或天婦羅的沾鹽。

價格／20g包裝 250日圓
田丸屋本店 股份有限公司
静岡県静岡市駿河区下川原5-34-18
tel.054-258-1115
http://www.tamaruya.co.jp/

日本・宮崎

月之鹽 綠茶鹽

DATA

鹽含量	——
鈉含量	——
原　料	海鹽、綠茶（北浦產）

這款鹽是將同鎮特產的綠茶磨成粉後，加入「月之鹽 鑽石」（p.91）中拌製而成。可充分感受到茶的甜味、苦味與酸味。與天婦羅或鹹味甜點的契合度絕佳。

價格／40g包裝 370日圓
北浦綜合產業股份有限公司
宮崎県延岡市北浦町古江3337-1
tel.0982-45-3811
http://www.michinoeki-kitaura.com/tsukinosio/

日本・青森

彩色鹽

DATA

鹽含量	——
鈉含量	——
原　料	海鹽、紅醋栗等

這款鹽是以自家農場栽培的紅醋栗、波森莓與甜椒等蔬果作爲主要原料，取其色素成分製作而成。素材本身的鮮豔色彩十分賞心悅目。

價格／43g包裝 300日圓
下北半島網絡機構有限公司
農業部門：Berry Orchard 下北
青森県むつ市緑ヶ丘13-6
tel.0175-23-2168

日本・東京

櫻之鹽

DATA	
鹽含量	77.3g
鈉含量	30.4g
原　料	海鹽、鹽漬櫻花

這款鹽是先以壺具高溫烘烤十分講究的傳統海鹽「海之精」（p.59），再透過獨家製法混合奈良縣吉野的八重櫻花瓣。可佐天婦羅或搭配豆腐、冰淇淋享用。爲季節限定商品。

價格／10g包裝 300日圓
海之精股份有限公司
東京都新宿区西新宿7-22-9
tel.03-3227-5601
http://www.uminosei.com/

熬煮
boil down

將果汁等加入鹽裡，
炊煮使其再次結晶；
熬煮生牡蠣精華或梅醋等
液體使其形成結晶，
依此製成調味鹽。
食材的鮮味與風味會確實融入鹽中，
香氣與味道會持續到最後。

日本・新潟

花瓣鹽

DATA	
鹽含量	—
鈉含量	—
原　料	海鹽、堇菜

這款鹽是將自家栽培且十分講究的食用花卉乾燥處理後，加入「日本海之鹽 白色鑽石」（p.67）裡拌製而成。只須在上菜前輕撒少許，簡單的料理也能瞬間變得華麗不已。

價格／12g包裝 950日圓
脇坂園藝股份有限公司
新潟県阿賀野市境新209
tel.0250-62-6772
http://www.wakisaka-engei.jp/

日本・岩手

山葡萄鹽

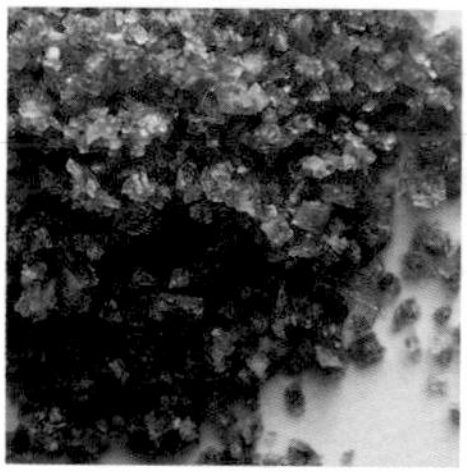

DATA	
鹽含量	—
鈉含量	—
原　料	海鹽、山葡萄果汁

此鹽以自家農園栽培的無農藥山葡萄果汁，混合三陸宮古產的海鹽，再利用溫泉的地熱加以乾燥而成。帶有甜味與酸味，適合搭配使用水果製成的沙拉或天婦羅。

價格／30g包裝 800日圓
WILD GRAPE FARM
岩手県八幡平市西根寺田8-86-3
tel.0195-77-1570
http://www.wildgrapefarm.com/

日本・山形

紅酒鹽

DATA

鹽含量	——
鈉含量	——
原　料	海鹽、葡萄

這款鹽是將「酒田之鹽」（p.58）與釀造葡萄酒所剩下的葡萄果皮一起熬煮，增添了山形縣產山葡萄酒的風味。淡淡的甜味很適合用來調味牛肉或搭配沙拉。

價格／30g包裝 410日圓
酒田之鹽
山形県酒田市宮梅字村東14-2
tel.0234-34-2015
http://www.sakatanoshio.com/

日本・沖繩

湧出之鹽 高湯鹽

DATA

鹽含量	89.9g
鈉含量	35.4g
原　料	海水、洋蔥、紅蘿蔔、柴魚片、大蒜、昆布

伊江島漂浮於沖繩本島海域西北9km處，這款鹽便是以該區海水為基底，添加大蒜等多種素材熬成醬汁，使其直接濃縮並結晶。用於BBQ或日式燒肉肯定能盡情發揮它的特色。

價格／50g包裝 258日圓
伊江島製鹽
沖繩県国頭郡伊江村字東江上3674
tel.0980-49-5224

日本・京都

牡蠣鹽

DATA

鹽含量	57.1g
鈉含量	22.8g
原　料	（瀨戶內海）生牡蠣

這款另類的鹽是萃取瀨戶內海產的生牡蠣精華加以濃縮並結晶而成。保有牡蠣本身的味道，鮮味也很強烈。若作為最終調味鹽來使用，可讓料理或食材的鮮味更上層樓。

價格／15g包裝 800日圓
Japan Clinic股份有限公司
京都市右京区太秦開日町10-1
※2017年移転予定
tel.075-882-6711
http://www.japanclinic.co.jp/

日本・北海道

墨魚汁鹽 可見鹽

DATA

鹽含量	60.9g
鈉含量	24.0g
原　料	海水、墨魚汁粉

這款鹽是以北海道熊石町的海洋深層水與墨魚汁粉一起炊煮而成。請放在烏賊生魚片等白色食材上，享受顏色對比的樂趣。撒了多少量一目了然，所以也有助於減鹽。

價格／25g包裝 556日圓
山本產業有限公司
北海道札幌市北区あいの里4条5-15-7
tel.011-778-1230
http://www.nippon-1.com/

日本・和歌山

五代庵 梅鹽

DATA

鹽含量	(91.1g)
鈉含量	35.9g
原　料	梅醋

這款另類的鹽是以醃漬梅子後留下的梅醋加以濃縮並結晶而成。帶有名產紀州南高梅的淡淡酸味與溫潤口感，只須輕撒些許即可製作出極品飯糰。還含有檸檬酸與多酚成分。

價格／100g包裝 324日圓
東農園股份有限公司
和歌山県日高郡みなべ町東本庄836-1
tel.0210-12-5310
http://www.godaiume.co.jp/

印度

印度紅寶石鹽

DATA

鹽含量	86.3g
鈉含量	34.0g
原　料	湖鹽、訶子、酸豆、阿拉伯金合歡、鵝莓、毗黎勒

這款鹽採用的是印度傳統製法，在印度產湖鹽裡混合香草與水果，再以陶鍋炊煮一天一夜。強烈的硫磺味與甜味很適合搭配蝦蟹等甲殼類。抗氧化力高這點也很討喜。

價格／250g包裝 600日圓
EARTH CONSCIOUS股份有限公司
東京都福生市熊川1639-1
tel.042-530-1001
http://www.saltlamp.jp/

日本・石川

奧能登揚濱鹽田 香鹽 醬油鹽

DATA

鹽含量	90.8g
鈉含量	—
原　料	海水、醬油（內含大豆與小麥）

將產自傳統揚濱鹽田的海鹽與能登產大豆放入杉木桶中，再熟成3年就能釀造出傳統醬油。這款鹽是則是此醬油經過乾燥處理後的產物。可享受濃郁的鮮味與香氣。

價格／60g包裝 650日圓
Ante股份有限公司
石川県加賀市篠原新町1-162
tel.0761-74-8002
http://ante-jp.com/

salt column

日本法律的鹽分類

本書是依原料來分類。日本法律則是根據用途與製法區分。

生活用鹽

財團法人鹽事業中心所販售的鹽、透過離子交換膜法製成的鹽，以及溶解天日鹽再製而成的鹽。

特殊製法鹽

非使用真空蒸發罐（立鍋）製成的鹽、以真空蒸發罐製成又再度加工而成的鹽，以及利用平鍋炊煮而成的鹽。本書中所介紹的鹽大多屬於此類。

特殊用鹽

如試藥鹽般用途特殊的鹽。

Senior Salt Coordinator

推薦的鹽及其用法

鹽品鑑師每天追求著鹽的美味與享用方式，
可謂不折不扣的「鹽迷」，在此訪問了
多位資深鹽品鑑師的日常用法與最推薦的鹽。

Senior Salt Coordinator

1
青山志穗

為了鍛鍊味覺，也要嘗試選用不對味的鹽

我經常在日常飲食中兼做實驗，根據料理從約1000種庫存中選出2～3種鹽。比如煎肉時，我會排出2種應該對味的鹽與1種可能不對味的鹽，看看自己的預測與舌頭的感受是否吻合，並確認哪種鹽不對味。透過這樣的實驗，大幅拓寬了我的味覺範圍。順帶一提，我廚房裡常備的鹽是萬用型的「青海」（p.102）與適合搭配蔬菜的「輪島海鹽」（p.64）。如果想探尋自己喜歡的鹽，建議先撒在番茄或烤牛肉上，比較一下味道。

韓國水泡菜
×輪島水鹽

將小黃瓜或紅蘿蔔等喜歡的蔬菜切成適當大小，浸泡在濃度稀釋成1%左右的「輪島水鹽」中，放進冷藏室冰鎮半天。適度的鹹味會滲進蔬菜中，提引出蔬菜的鮮味與甜味。請與汁液一起享用。最後擠點檸檬汁也很美味。

美味與健康
http://www.wajimanokaien.com/

素麵
×大谷鹽

「大谷鹽」可為清淡的素麵添加如奶油般濃郁的層次感。素麵煮熟後將水瀝乾，只須撒些「大谷鹽」與橄欖油，即使是味道通常比較清爽的素麵，也能讓人吃起來更濃郁。建議再撒上少許海苔絲。

→ p.65

鹽烤雞胗
×屋我地島之鹽

鐵含量高的雞胗與「屋我地島之鹽」簡直絕配！只須在食材的前置準備作業中撒些鹽，再以烤網烤幾分鐘即可。肉與鹽的鐵質相融，使肉的鮮味有驚人的提升。可輕鬆製作，作為啤酒的下酒菜更是極致享受。

→ p.101

私藏的活用法

酒後睡前來1杯

大量飲酒後，不妨在睡前喝1杯鹽水。人體在飲酒後會因為利尿作用而排出大量水分，導致體內礦物質比例失衡，只要在睡前喝1杯濃度1%左右的鹽水，隔天早上起床會比較神清氣爽。

Senior Salt Coordinator

2

倉持恵美小姐

自由主播。身為酒鋪人家的女兒，從小就耳濡目染飲食與酒的搭配法等。如今在沖繩透過媒體傳播資訊，同時憑藉蔬菜品嚐師等飲食相關的資格，展開推廣飲食魅力的相關活動。

在台灣邂逅了生日彩鹽

我在家裡的餐桌旁排放了100多種鹽。可以根據心情輕鬆挑選，有客人來訪時也是絕佳話題。我在日常中會根據預先調味、蔬菜、肉類、增添層次等用途，靈活運用5～6種鹽。

我連出國都很容易被鹽吸引。台灣南部的「夕遊出張所」位於過去曾盛行製鹽業的台南市，是一家相當奇異的鹽店。店裡有賣一款根據中國「五行」思想選出對應1年366天的彩色生日鹽，含括個性分析、除魔與淨化等功效，可從中窺見有別於飲食的面貌與文化，是別具樂趣的體驗。

水煮馬鈴薯
×蒙古自然岩鹽 健康神之鹽

蒙古自然岩鹽有股會在嘴裡細細擴散而不刺激的鹹味。適合搭配簡單的水煮馬鈴薯。與羊肉一起享用亦是絕配！岩鹽特有的酸味會發揮良好效果。請遙想著蒙古大地細細品嚐。

→ p.123

白燒鰻魚
×珠洲竹炭鹽＋山葵美味鹽

把黑色的「珠洲竹炭鹽」撒在白色食材上面，黑白對比的視覺效果也別有樂趣。在焦香風味的相乘效應下，有提升香氣的效果；此外，「山葵美味鹽」則比山葵醬油更能提引出鰻魚的蓬鬆口感與鮮味。

→ p.143

→ p.145

乳酪鍋
×地中海水晶煙燻鹽片

直接撒些在清蒸蔬菜或香腸上，或是沾裹乳酪之後再撒……。利用鹽的馥郁煙燻味與香氣大幅拓展味覺的範圍。此外，迷人的金字塔型結晶光是盛放在盤中就很吸睛，肯定能讓餐桌上的話題聊得更起勁。

→ p.140

私藏的活用法

加進煮過頭的咖啡裡

若用咖啡機等不小心煮過頭而導致咖啡氧化，不妨加入一小撮鹽。鹽可抑制酸味並使味道變得溫潤，喝起來更美味。

務必備一款岩鹽

既可作為室內裝飾擺置，亦可將鹽塊磨碎使用。雖統稱為岩鹽，顏色與味道卻各異，正為其魅力所在。

Senior Salt Coordinator

©Nori Uchida

3

田中園子小姐

solco公司的社長。曾就任製藥公司的研發職務，參與各種飲食相關專案。2013年領悟到鹽的本質，2014年於東京都品川區戶越銀座商店街開設鹽的專賣店salt & deli solco。

上菜前才撒鹽，可直接享受鹽的口感

有些鹽咬了會發出唰唰聲，有些則是咯哩聲。我喜歡結晶各異的鹽所產生的不同口感，所以基本上都是「上菜前才撒鹽」，亦即食材不做任何調味，直到最後才加鹽。我在選擇用鹽時，會把食材的口感是偏硬還是偏黏軟以及希望搭配的口感考慮在內。進一步將範圍縮小到與食材產地相近或味道一致的鹽，這過程也是一種樂趣。高知縣土佐「甘味鹽」（p.79）的生產者小島正明先生曾經說過：「海水的味道會依四季而異。比如，當陸地正值新綠季節，海中也會有海藻萌芽。」因此據說春季的鹽海潮香味更強烈。保留自然本身的樣貌也是鹽的魅力所在。

酪梨
×自凝滴鹽 片狀

將鹽過篩後精選出未被篩落的大片狀鹽，味道柔和，搭配口感柔軟的食材，鹽的鬆脆口感會更加突出。可以試著將這款鹽與橄欖油淋在成熟而綿密的酪梨上，再擠點檸檬汁，細細品嚐口感上的對比感。

salt & deli solco
http://www.solco.co/

布丁
×喜馬拉雅黑鹽

這款鹽配雞蛋料理非常對味，搭配雞蛋製成的甜點也是一絕。此外，與南瓜或番薯等加熱後會變甜的根莖類蔬菜也很對味，所以只須在南瓜布丁或番薯布丁上撒少許鹽，即可搖身一變成為頂級甜點。

salt & deli solco
http://www.solco.co/

煎油豆腐
×百濟浦藻鹽

salt & deli solco 是從2012年才投入製鹽，生產歷史還不長，這款藻鹽裡添加了島根縣大出市黑海藻的精華。顏色看起來像咖啡牛奶，鈣含量高，苦味溫潤，味道也充滿奶味。

快速撒些鹽在煎好的油豆腐上，大口咬下，豆腐奶香味與焦香味交融，美味極了。

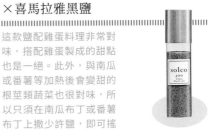

salt & deli solco
http://www.solco.co/

私藏的活用法

煮飯的時候

只須在煮飯時加點鹽，不但放久了不會散發異味，連煮好的米粒都變得有光澤。

倦怠的早晨喝1杯

早晨感到倦怠時，將「粟國之鹽 釜炊」（p.97）或「滿月之鹽 福鹽」（p.99）溶入熱水中喝下，會瞬間神清氣爽喔。

photo: Kunikane Takaya

Senior Salt Coordinator

4

坂井洋子小姐

初級蔬菜品嚐師。曾在廣告公司負責業務與企劃工作長達約10年，具備飲食相關知識並考取證照。目前以插畫家兼漫畫記者「蔬菜子（べじこ）」之姿活躍中。

http://www.vegecotomato.com

帶著喜歡的鹽出門，自備鹽的樂趣多！

我外出都會隨身攜帶喜歡的鹽，享受「自備鹽」的樂趣。外食碰到想加鹽的狀況意外地多，比如早餐的水煮蛋、定食餐廳的烏賊生魚片或炸物。雖然在餐飲店這樣做仍需要尊重店家，不過我也經常因爲鹽的話題而和店家相談甚歡。除了飲食方面外，建議也可以參加製鹽體驗。盛行製鹽業的石川縣珠洲市、高知縣黑潮町等地的製鹽廠，一般民衆都能報名體驗。搬運海水、在熱騰騰的鍋具前一心一意守著結晶等，近距離感受製鹽的辛勞與製鹽師的絕技後，會讓人更加熱愛鹽。

番茄
×土佐鹽丸

憑藉陽光與風力形成結晶的天日鹽，與沐浴陽光栽培而成的番茄簡直絕配。鹽會使番茄的濃郁滋味與鮮味更加突出。簡單地整顆番茄咬著直接吃就很美味；也很推薦以番茄、羅勒與橄欖油製成的普切達吃法。

→ p.79

水
×命御庭海鹽

在礦泉水中撒一些鹽，作為家人在夏季時補充水分的飲品。這款鹽是在維持海水礦物質的比例下形成結晶，呈粉末狀，易溶於水且溫潤好入口。是簡易的運動飲料。

→ p.98

湯品・炒飯
×湧出之鹽 高湯鹽

熬煮海水結晶而成的高湯鹽。味道扎實，是調味的好幫手。用於以洋蔥、紅蘿蔔等蔬菜或昆布製作的簡單湯品或炒飯，鹽與高湯的鮮味會讓美味度更加升級！

→ p.147

烤肉
×賽普勒斯煙燻鹽

這款鹽的金字塔型結晶十分迷人，燻製的香氣更是一絕。結晶與鹹味都很扎實，搭配有著厚度的肉類也毫不遜色，細細咀嚼品嚐，燻製的香氣與肉汁交織，瞬間就令人沉浸在幸福之中。

APA&IDEA http://www.apidea.co.jp/

Part 5

讓烹飪與生活都更有趣！
鹽的美味用法

哪種鹽適合搭配牛肉？哪種適合搭配水果？
有些「鹽的靈活運用訣竅」能讓食材或料理變得更美味。
除了利用鹽本身特性的烹調技巧及生活與美容方面的鹽活用術外，
了解大家關切的健康與鹽之間的關係也很重要。
在此彙整並介紹各種能讓鹽變得更有趣的「美味」用法。

enjoy! salt

＼ 靈活運用才能 ／

享受更多鹽的樂趣

為了巧妙活用特色豐富的鹽，務必事先掌握靈活運用的訣竅。
在此介紹鹽的特性與能讓選鹽更愉快的重點。

讓食材與料理變美味的鹽之特性

了解鹽的結晶形狀與味道等特色，並配合食材與烹調方式加以靈活運用，即可讓味道較有整體感，做出更美味的料理。

決定要搭配的鹽時，應考量到以下3大特性：「同化」、「對比」與「抑制」。這些是料理的基本概念，亦可用於食材之間的搭配，最好事先記牢。

只要選對與食材或烹調方式相配的鹽，少量也能充分發揮效果，因此可減少鹽本身的用量。愈是注重鹽分攝取量的人，愈要注重如何靈活地運用鹽。

同化

以鹽搭配有著相同味道的食材即可提高鮮味

混合2種以上味道相近的食材時，鹽可使風味大增，比各別的味道更為強烈。這與以鰹魚高湯搭配昆布高湯，會使鮮味倍增是同樣的原理，即所謂的相乘效應。找到鹽與食材的共通點為一大關鍵。

◉例如 以含鐵的赤身肉搭配含鐵的岩鹽。

對比

搭配滋味呈對比的鹽即可襯托食材的原味

少量添加滋味呈對比的食材（鹽），主要的味道便會大增。少了所謂的「鹽」味，食材別具特色的味道反而更突出。然而，有時會凸顯出腥臭等缺點，最好用於鮮度佳的食材上。

◉例如 在西瓜上少量添加鹹味強烈的鹽，即可襯托出西瓜的甜味。

抑制

鹹味可抑制苦味與酸味

結合2種以上的食材時，鹽可減弱其中一方或雙方的味道。尤其是「鹹味與苦味」或「鹹味與酸味」較容易發生這種作用。添加少量的鹽即可抑制酸味或苦味。

◉例如 在咖啡裡放少量的鹽，可消除苦味與酸味，使滋味變得溫潤。

若要在家裡享用，建議常備
5款基本鹽＋宴客鹽

苦的、甜的、鮮味較強的……鹽具備各種特性。蒐羅每種特性的鹽也是一種方式，不過如果是要在日常飲食中享受鹽的樂趣，可先從「5款基本鹽＋宴客鹽」著手。只須備妥這些鹽，便足以應對大部分的口味。

如下圖所示，根據鹹度強弱與顆粒大小，鹽的味道可大致區分爲性質各異的4大類。外加1種萬用型的鹽，在難以判斷時方便做任何搭配。備妥這幾種鹽便綽綽有餘，不過如果能再準備1種味道或形狀罕見到會想向人炫耀的宴客鹽，會更無懈可擊。

5款基本鹽與宴客鹽

- 適合搭配赤身肉或魚類的鹽
- 適合搭配白身肉或魚類的鹽
- 適合搭配炸物的鹽
- 適合搭配蔬菜的鹽
- 萬用型的鹽
- 宴客鹽

Topics 何謂宴客鹽？

像是「金字塔鹽」（p.39）等結晶賞心悅目的鹽，或是「法式紅酒鹽 梅洛款」（p.141）、「松露鹽」（p.141）等混合了松露或香草的調味鹽等，光是將這類罕見的鹽佐料理端上桌，就能炒熱用餐氣氛。

鹹度×顆粒便足以改變味道

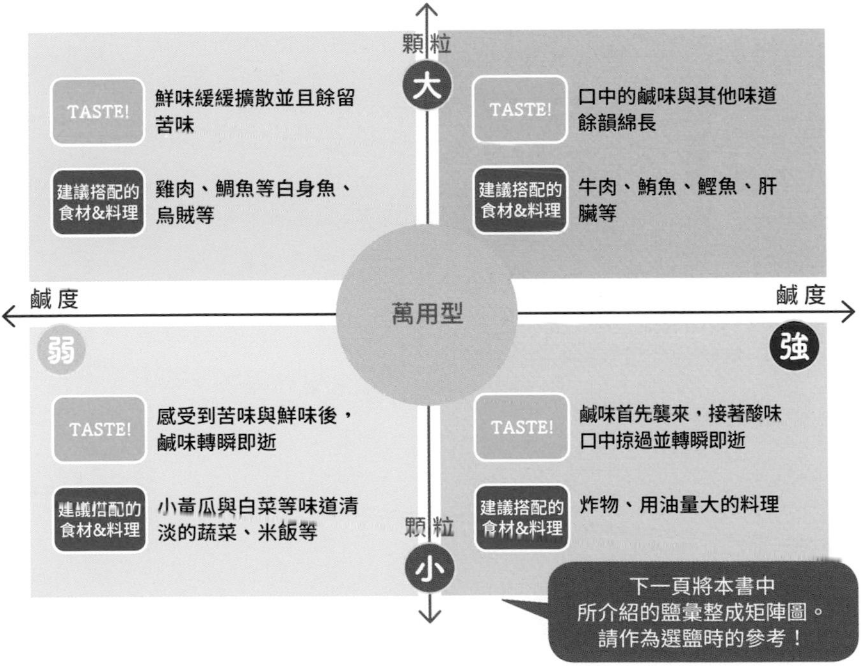

顆粒
大
TASTE!
鮮味緩緩擴散並且餘留苦味
建議搭配的食材&料理
雞肉、鯛魚等白身魚、烏賊等
TASTE!
口中的鹹味與其他味道餘韻綿長
建議搭配的食材&料理
牛肉、鮪魚、鰹魚、肝臟等
鹹度
萬用型
鹹度
弱
強
TASTE!
感受到苦味與鮮味後，鹹味轉瞬即逝
建議搭配的食材&料理
小黃瓜與白菜等味道清淡的蔬菜、米飯等
TASTE!
鹹味首先襲來，接著酸味口中掠過並轉瞬即逝
建議搭配的食材&料理
炸物、用油量大的料理
顆粒
小
下一頁將本書中所介紹的鹽彙整成矩陣圖。請作為選鹽時的參考！

用鹹度強弱×顆粒大小矩陣圖

易如反掌的鹽選法

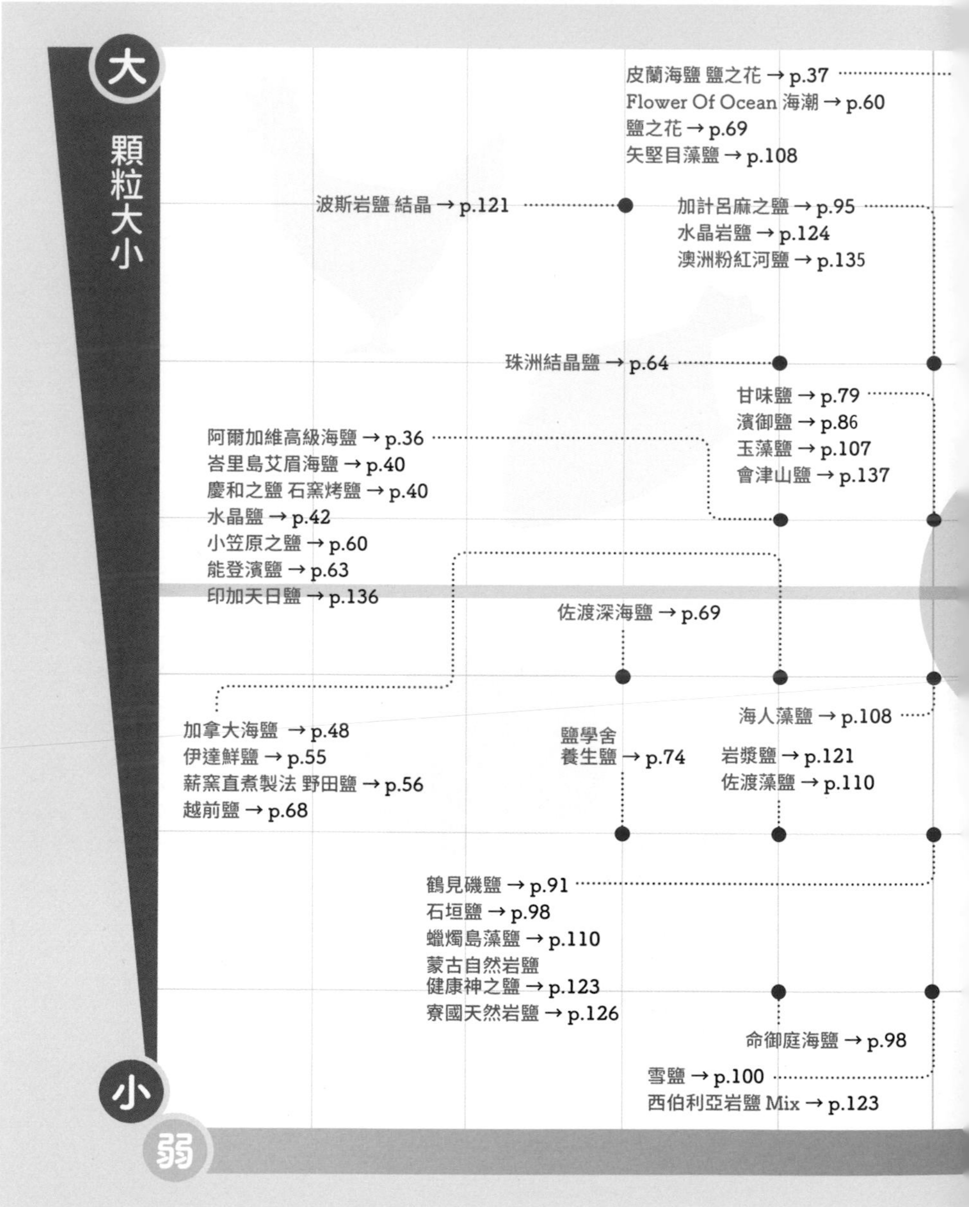

大
顆粒大小
小
弱
皮蘭海鹽 鹽之花 → p.37
Flower Of Ocean 海潮 → p.60
鹽之花 → p.69
矢堅目藻鹽 → p.108
波斯岩鹽 結晶 → p.121
加計呂麻之鹽 → p.95
水晶岩鹽 → p.124
澳洲粉紅河鹽 → p.135
珠洲結晶鹽 → p.64
甘味鹽 → p.79
濱御鹽 → p.86
玉藻鹽 → p.107
會津山鹽 → p.137
阿爾加維高級海鹽 → p.36
峇里島艾眉海鹽 → p.40
慶和之鹽 石窯烤鹽 → p.40
水晶鹽 → p.42
小笠原之鹽 → p.60
能登濱鹽 → p.63
印加天日鹽 → p.136
佐渡深海鹽 → p.69
海人藻鹽 → p.108
加拿大海鹽 → p.48
伊達鮮鹽 → p.55
薪窯直煮製法 野田鹽 → p.56
越前鹽 → p.68
鹽學舍
養生鹽 → p.74
岩漿鹽 → p.121
佐渡藻鹽 → p.110
鶴見磯鹽 → p.91
石垣鹽 → p.98
蠟燭島藻鹽 → p.110
蒙古自然岩鹽
健康神之鹽 → p.123
寮國天然岩鹽 → p.126
命御庭海鹽 → p.98
雪鹽 → p.100
西伯利亞岩鹽 Mix → p.123

以下是根據鹹度強弱與顆粒大小，
將本書中介紹的主要幾款鹽彙整而成的矩陣圖。
鹽的味道與較適合搭配的食材一目了然。

※矩陣圖左上方是適合搭配白身肉類或魚類的鹽，右上方是適合搭配赤身肉類或魚類的鹽。
左下方是適合搭配蔬菜或米飯的鹽，右下方是適合搭配炸物的鹽，中央則為萬用型的鹽。

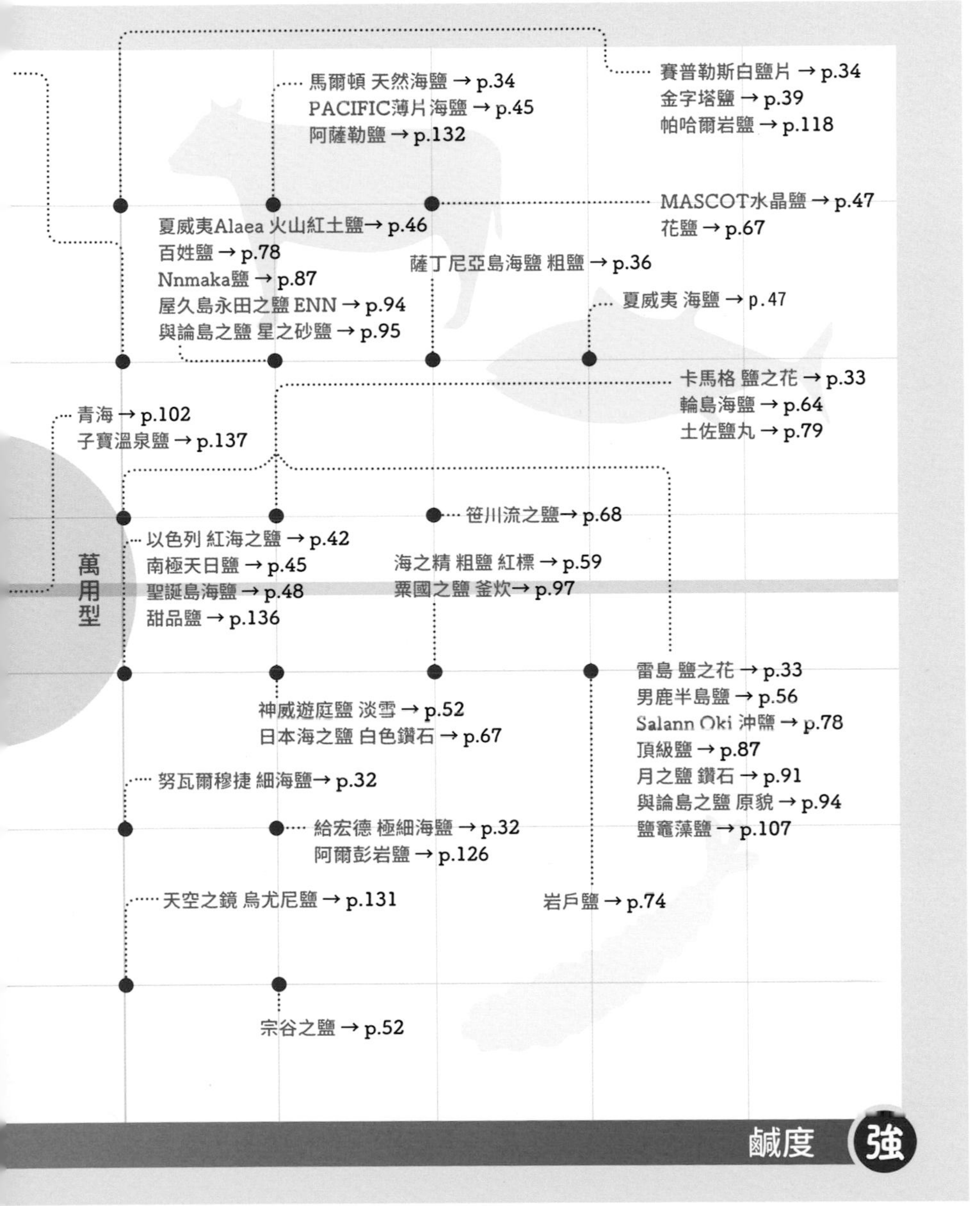

根據食材與料理分別運用

根據食材與料理分別介紹能襯托料理美味的推薦鹽。
以下所介紹的都是基本的搭配方式。
不妨嘗試味道完全相反的鹽等，不斷挑戰並樂在其中吧。

牛肉

只要使用鐵含量高的鹽，就會因酸味的同化作用而提高鮮度。鹹味強烈的鹽則適合用來緩和肉類的油膩感。

◉例如
安地斯紅鹽→ p.120、屋我地島之鹽→p.101、珠洲竹炭鹽→p.143

豬肉

因味道介於牛肉（赤身）與雞肉（白身）之間，建議可使用鹹味適中、顆粒約為中粒～大粒且帶苦味的鹽。

◉例如
薩丁尼亞島海鹽 粗鹽→p.36、西伯利亞岩鹽 Mix→p.123、鄂霍次克鹽 釜揚鹽→p.54

雞肉

若要撒鹽香煎，選用鹹味溫潤且顆粒較大的鹽為佳；若想消除雞肉特有的油脂味，建議使用以海洋深層水製成的鹽或鉀含量高的鹽。

◉例如
室戶鹽→p.82、球美之鹽→p.104、甘味鹽→p.79

赤身內臟

鐵含量高的鹽品為佳。像雞胗這種有嚼勁的部位，搭配顆粒較大的鹽可增添口感的層次。

◉例如
自凝滴鹽→p.75、帕哈爾岩鹽→p.118、蒙古自然岩鹽 健康神之鹽→p.123

甜味蔬菜

南瓜、紅蘿蔔、洋蔥等加熱後會釋出甜味的蔬菜，最適合搭配鹹味較弱、顆粒稍大且帶甜味的鹽。會因相乘效應而使甜味更為濃郁。

◉例如
石垣鹽→p.98、海之精 粗鹽 紅標→p.59、戶田鹽→ p.70

苦味蔬菜

重點在於同化苦味。鹹味較弱、顆粒稍大且可感受到鎂之苦味的鹽為佳。如果是野菜，建議使用雜味較強的地下鹽水鹽。

◉例如
海之愛→p.83、壹岐鹽→ p.89、甜品鹽→p.136

水分蔬菜

萵苣或小黃瓜等含水量高的蔬菜，因水分會中和鹽的味道，所以搭配鹹味稍強且可感受到鮮味的鹽剛剛好。

◉例如
越前鹽→p.68、天空之鏡 烏尤尼鹽→p.131、以色列 紅海之鹽→p.42

土味蔬菜

若要搭配散發土香氣的根莖類蔬菜，建議選用在舌尖上溶化時可感受到土香的鹽，或是混有泥或土的鹽。含硫磺成分的鹽應該也很搭。

◉例如
給宏德 極細海鹽→p.32、阿敦紅鹽→p.102、夏威夷Alaea 火山紅土鹽→p.46

水果

苦味強烈的水果適合搭配鹹苦皆強的鹽；甜味較強的則選用鹹味溫潤且甜味強烈的鹽。若在瓜類水果中添加鉀含量高的鹽，甜味與鮮味都會倍增。

◉例如
輪島海鹽→p.64、卡馬格 鹽之花→p.33、火山地熱鹽→p.62

豆腐（大豆製品）

適合鈣含量高、鹹味溫潤且含較多鹽滷水的鹽。然而，結合食用油時則選用鹹味稍強的鹽較為美味。

◉例如
命御庭海鹽→p.98、FOSSIL RIVER 薄片鹽→p.128

發酵食品

鈣會阻礙發酵作用，所以發酵食品的鈣含量比較少，建議搭配鈉、鎂與鉀含量均衡的海鹽。

◉例如
輪島海鹽→p.64、小笠原之鹽→p.60、青海→p.102

乳製品

乳製品帶酸味，適合鹹味溫潤的鹽。顆粒較細且容易相融的為佳。含鎂的鹽可提高鈣的吸收率。

◉例如
雪鹽→p.100、北谷之鹽→p.103、聖誕島海鹽→p.48

白身魚

建議搭配鹹味溫潤且顆粒較大的片狀鹽、餘味優美的鹽或散發海潮香氣的鹽。產自日本海一側的海鹽是不二之選。

◉例如
阿爾加維高級海鹽→p.36、濱比嘉鹽→p.99、庄內濱鹽→p.58

赤身魚

適合搭配鹹味較強裂而顆粒偏小的鹽。選用帶有如鐵般的酸味、餘韻較持久，或與白身肉一樣散發海潮香氣的鹽為佳。

◉例如
海御靈→p.92、PACIFIC薄片海鹽→p.45、月之滴鹽→p.57

貝類

建議選用特色強烈的鹽，比如溶化時有海潮香氣撲鼻的鹽、含海藻精華而香氣強烈的藻鹽等。帶有如檸檬般酸味的鹽也很推薦。

◉例如
海人藻鹽→p.108、玉藻鹽→p.107、水晶岩鹽→p.124

甲殼類

搭配含硫磺成分而帶甜香的鹽，會與甲殼類的香氣同化而大幅提升鮮味。

◉例如
Qipower海鹽→p.43、喜馬拉雅山麓岩鹽→p.122、印度紅寶石鹽→p.148

飯糰

帶有適度鹹味、顆粒較細且甜味與鮮味都強烈的鹽，可巧妙提引出米飯的甜味。鎂或硫磺含量較高的鹽會導致米飯變色，須格外留意。

◉例如
佐渡藻鹽→p.110、揚濱鹽田製法鹽→p.62、百姓鹽→p.78

麵類

建議搭配鹹味適中、顆粒較細而容易與料理相融的鹽，或是甜味與鮮味強烈的鹽。若會用到食用油，則選用鹹度稍強的鹽為佳。

◉例如
最進之鹽→p.88、大谷鹽→p.65、甜品鹽→p.136

雞蛋料理

適合鹹味溫潤而顆粒較細的鹽。若使用鈣含量高而甜味強烈的鹽，蛋黃的甜味會更突出。

◉例如
瑰麗花鹽→p.103、原海 一之鹽 乾燥款→p.89、慶和之鹽 石窯烤鹽→p.40

天婦羅（炸物）

適合鹹味較強烈、顆粒較細而入口即化的鹽。此外，搭配片狀而別具口感的鹽品也不錯。

◉例如
知床之鹽 極→p.53、馬爾他 片狀海鹽→p.41、四川省岩鹽→p.125

麵包・甜點

若要揉入麵糰中，建議選用顆粒較細且鈉、鎂與鉀含量均衡的鹽；若要作為頂飾配料，則以顆粒較大而不易溶化的岩鹽為佳。

◉例如
宗谷之鹽→p.52、大谷鹽→p.65、輪島鹽→p.66

enjoy! salt

\商店買鹽免煩惱！/

基本鹽選法

想必有不少人在面對架上一列排開的各種鹽商品時，
也曾經站在架子前，因「無法判別有何不同！」而傷透腦筋吧？
這種時候不妨先看看包裝背面的說明吧。

根據包裝上的資訊可以了解到這種程度！

鹽的包裝背面會刊載法律規定的各種標示。

內容可大致區分爲以下2大類。

刊載生產者與原料等資訊的「概括標示」，以及刊載構成鹽的鈉及其他礦物質、鹽含量的「營養成分標示」。

其實這些標示中隱含爲數驚人的資訊，有助於想像鹽的味道。比如，從原料可掌握鹽的類型與原產地；從製造方法可得知是以鍋釜炊煮而成的鹽？還是未使用火力製成的天日鹽？不僅如此，從成分表還可看出會影響鹹味的礦物質比例。逐步解讀包裝上的資訊，即可掌握鹽的特性。

只要學會解讀這些資訊，應該就能從超市裡成排的鹽商品中選出符合自己喜好的鹽。

成分表

刊載著100g的鹽中所含的熱量、蛋白質、脂肪、碳水化合物與礦物質。刊載的礦物質種類會因商品而異，不過僅標示鈉含量的商品亦不在少數。
目前仍有些商品並未標示，不過日本因應食品標示法的修訂，自2020年4月起將成分表中的「氯化鈉」與「鈉」統一標示為「鹽含量」※。根據鹽含量的數值即可得知鹹度的強弱。

※食鹽（氯化鈉）為鈉與氯的化合物，將鈉含量換算成鹽含量時，應以鈉含量×2.54來計算。

Topics 透過成分了解鹽的味道

鹽所含的礦物質各有各的味道。鎂含量高會產生苦味、鈣含量高則可感受到甜味。不妨透過成分表檢視有哪些成分及其含量，並試著想像一下鹽的味道。

成分	味道
鹽含量（或鈉含量）	單純的鹹味
鎂含量	苦味、鮮味、層次感
鉀含量	酸味、礦石般的沁涼感、爽口
鈣含量	本身無味，但相較於其他成分則偏甜味
其他礦物質	雜味

鹽滷水的比例（含水量）

透過包裝來觀察鹽。附著於鹽的水分即以鎂與鉀為主的鹽滷水。含大量鹽滷水而較為濕潤的鹽，鈉含量相對較少，所以往往鹹味溫潤而其他味道較強烈；反之，鹽滷水含量低的鹽則較容易感受到強烈的鹹味。

名稱

原則上無論哪種類型的鹽都是標示為「食鹽」或「鹽」。添加香草或香料的鹽則標示為「調味鹽」。

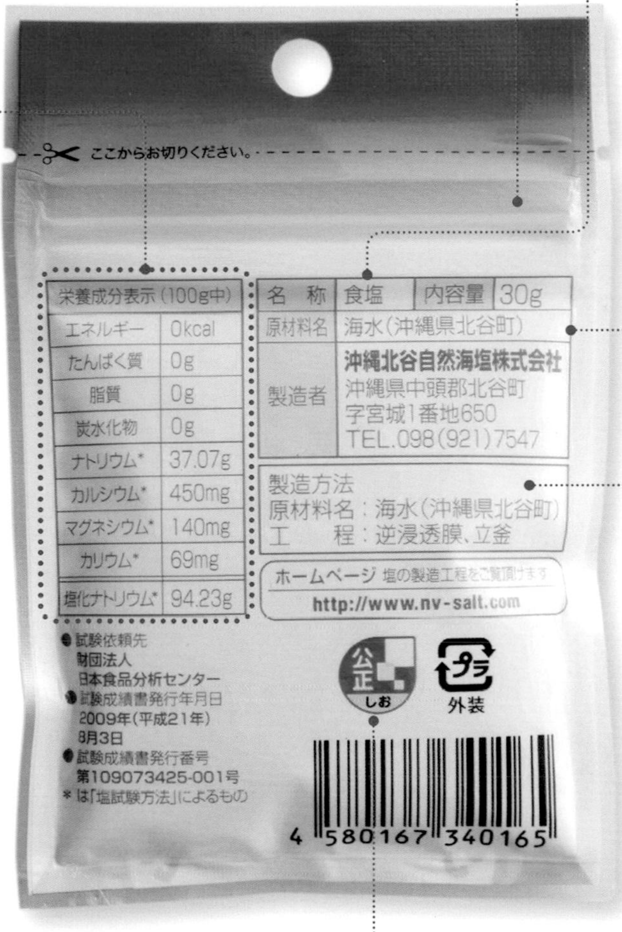

ここからお切りください。
栄養成分表示(100g中)
エネルギー 0kcal
たんぱく質 0g
脂質 0g
炭水化物 0g
ナトリウム* 37.07g
カルシウム* 450mg
マグネシウム* 140mg
カリウム* 69mg
塩化ナトリウム* 94.23g
名 称 食塩 内容量 30g
原材料名 海水(沖縄県北谷町)
製造者
沖縄北谷自然海塩株式会社
沖縄県中頭郡北谷町
字宮城1番地650
TEL.098(921)7547
製造方法
原材料名：海水(沖縄県北谷町)
工 程：逆浸透膜、立釜
ホームページ 塩の製造工程をご覧頂けます
http://www.nv-salt.com
●試験依頼先
財団法人
日本食品分析センター
●試験成績書発行年月日
2009年(平成21年)
8月3日
●試験成績書発行番号
第109073425-001号
* は「塩試験方法」によるもの
公正
しお
プラ
外装
4 580167 340165

原料

海水、岩鹽、湖鹽等，鹽的類型一看便知。如果是再製加工鹽，則會標示為「海鹽」、「天日鹽」+ α（粗製海水氯化鎂或海水等）。若有使用添加物，也會標示於此處。

製程

日本食用鹽公平交易委員會所推廣的標示內容（有些商品並未標示）。用以表示是採用何種製法生產此鹽，會依「濃縮製程／結晶製程／加工製程」的順序標示。不過如果濃縮製程與結晶製程一樣，則省略為一項。比如「平鍋／平鍋／烘烤」會標示成「平鍋／烘烤」等。

公正標章

標示於已加入日本食用鹽公平交易委員會並經過認證的鹽（獲得認證亦可不標示）。此標章只是用來表示標示內容與製造方法符合事實且標示方式正確，所以未標示的鹽並不罕見。

memo 所謂的日本食用鹽公平交易委員會，是以製鹽企業等為中心，於2008年設立的團體。制定了鹽商品的標示規則等，志在普及鹽的正確知識。

\ 在廚房裡 /
將鹽運用自如

彙整了生活中各種鹽的作用與用法，
尤其是在烹調或飲食情境中，事先了解會方便許多。

Operation
鹽的作用

防止**腐壞**

「溫度、水與營養」為腐敗菌繁殖的必要條件，而鹽具備滲透脫水作用，故可脫去食材的水分以降低水活性，還能同時與食材內的水分結合以儲存鹽分，藉此防止腐敗菌的入侵與繁殖。

防止**酵素**運作

鹽可以阻止氧化酶作用而得以維持食材的色澤。蘋果是最為人知的例子。只須浸泡在濃度約0.2%的鹽水中，即可預防褐變。在同樣的作用下，在蔬菜汁中添加約0.5%的鹽，即可防止維生素C遭破壞。此外，燙青菜也少不了鹽。只須於汆燙時加入濃度約1%的鹽，即可讓蔬菜保持翠綠。這是因為鹽還能穩定花椰菜或菠菜等綠色蔬菜內所含的綠色色素（葉綠素），抑制氧化酶的作用。

調整**發酵**

發酵是微生物所引起的現象。透過調整鹽的濃度，即可調整食品的含水量與含鹽量，為各種微生物打造最佳環境。在味噌、醬油與醃漬物的製造程序之中，就是利用了這一項特性。

鹽會對**蛋白質**產生作用

鹽不僅能促進加熱過的蛋白質凝固，還有溶解蛋白質的作用。

進行前置準備作業時，在魚或肉上撒鹽是為了防止飽含鮮味的肉汁流失。換言之，是前者的作用。順帶一提，若在水煮蛋的沸水中加鹽，不僅賦予了鹹味，還能防止蛋殼破裂溢出。

在製作魚漿時，加鹽會產生黏性則是後者的作用。此外，烹調前先將乾燥大豆浸泡在濃度約1%的鹽水中，大豆的蛋白質會溶解而可較快煮軟。

可快速完成**鮮奶油**

在200mL的鮮奶油中添加一小撮的鹽，會比沒加鹽更快打發，挺立的奶油扎實又綿密。此外，在鹽的對比效果下還增加了層次感，使鮮奶油的味道更為濃郁。

Taste

用鹽量

特定的用鹽量
會讓人感到美味

相較於其他調味料，能讓人感覺美味的鹽分濃度範圍極窄，據說大約是0.5%～3.0%。甚至有則軼事流傳至今——德川家康曾經問身邊的親信：「這世上最美味與最難吃的食物是什麼？」結果得到「兩者皆爲鹽」的答案。鹽的用量十分微妙，微小差異即足以對料理的味道產生莫大影響。使用什麼樣的鹽品固然重要，但巧妙控制用鹽量才是最爲關鍵的。

恰到好處的用鹽量標準

鹽的用量很難事後調整，所以最好先從少量開始加，一邊試味道一邊調整。不確定時，則添加與體液相同、濃度約0.9%的鹽度，即可免於調味失敗。

鹽度	料理範例
0.6%	湯品、米飯、醋飯
0.8%	味噌湯
1.0%	味道較淡的燉煮料理、燙青菜的沸水、煎烤或煎炒肉或蔬菜、如沙拉般的淺漬蔬菜等
1.5%	一般的燉煮料理
2.0%	淺漬、醋漬物的預先調味、常備菜等食物的保存、味道稍濃的燉煮料理
3.0%	鹽烤魚、醃漬物等保存用的漬物、煮義大利麵的沸水（大約等同於海水濃度）

〈注意事項〉

① 料理的整體含鹽量十分重要，所以對食材本身及其他調味料的含鹽量最好有一定程度的了解。

② 最好把用餐者的身體狀況也考慮在內。若料理是要提供給剛大量流汗的人、味覺較不敏銳的高齡者，或是需要飲酒的情況下，可提高鹽濃度；如果是需要限制鹽分攝取量的患者，則最好控制在最少用量。

enjoy! salt

Preliminary
前置準備作業

立鹽是前置準備中的萬用鹽水

所謂的「立鹽」，是指鹽度約3%的鹽水，可用於蔬菜或水果來防止變色並保存，或是海鮮類的前置準備作業與調味。比起直接撒鹽，這種技巧的優點是能讓鹽覆滿食材且不易產生不均。

海鮮類

清洗時使用立鹽，即可僅去除表面的黏液並排出多餘的水分，但鮮味並不會流失。如果是肉身較薄的魚，撒鹽較容易味道太重或不均勻，所以建議透過立鹽均勻地賦予食材淡淡的鹹味。

蔬菜類

切好後浸泡在立鹽中，即可預防酵素作用所引起的褐變。此外，將小黃瓜等蔬果切成薄片後浸泡立鹽則會出水而變軟，還可為整體賦予均勻的淡淡鹹味。

透過撒鹽來濃縮鮮味

「撒鹽」是指直接將鹽撒在食材上。利用鹽的滲透脫水作用從食材中引出水分以濃縮鮮味，使食材表面變硬而防止鮮味流失。至於用鹽量，肉類以重量的約2%、鹽烤魚的話約3%，蔬菜則約1%為佳。

魚

將鹽均勻撒在魚的表面，即可吸除水分與腥臭並濃縮鮮味。肉身會變緊實而不易變形。如果是白身魚或切塊魚肉最好撒少一點；鯖魚或肉身較厚的魚則稍微撒多一點。撒鹽的時間點以烹調前20分鐘為基準。

肉

有別於魚類，肉類的含水量本來就少，所以在烹調前一刻撒鹽即可。鹽若分布不均，受熱也會不均，所以應搓揉整體以均勻入味，或從高處撒下使其附著整體。

蔬菜

用來調味並濃縮鮮味。鹽太少會無法順利發揮脫水作用，應以食材重量的1%左右為基準，撒鹽並搓揉入味後，靜置一段時間。若擰乾水分後用淡水清洗，會導致鮮味流失，所以最好直接食用，無須水洗。

check! 事先了解更方便！還有更多鹽的活用法

脫鹽水

想減少鹽漬鮭魚卵等鹽漬食品的鹽分時，要是浸泡淡水不但脫鹽速度緩慢，還會讓多餘水分滲入食材而稀釋了鮮味。若浸泡濃度約1～2%的鹽水，在滲透壓的作用下，不僅可快速脫鹽，還能濃縮並保有原本的鮮味。

水鹽

指濃度約15～25%且已除鈣的鹽水。便於調味。為液狀而可均勻附著在食材上，少量即足以賦予扎實的鹹味。還有讓較容易乾柴的肉類變得多汁的效果。將濃度25%的水鹽倒入噴霧器中，使用時按壓3～4次，相當於約1／30小匙，鹽量大約是0.1g，亦有減鹽之效。

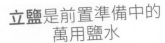

Keeping

保存

水氣是鹽的大敵，受潮皆肇因於此

鹽若受潮，皆可歸因於水氣。一旦濕度超過75%，鈉純度高的鹽就會開始吸收空氣中的水氣，並因爲水分而與相鄰的結晶黏在一起。等到空氣轉爲乾燥後，便會直接變硬而結塊。

鹽所含的成分中，屬鎂最容易吸收水分，因此鎂含量較高的鹽會比其他鹽更容易受潮。

這些都是預防受潮的方式！

- 將袋裝的鹽換到密封容器中
- 放入矽膠（乾燥劑）
- 避免用沾了水的手指碰觸，盡可能使用乾燥的湯匙
- 不要放置於平底鍋等會冒出熱氣的鍋具上方
- 不要放在濕氣較重的地方
- 不要放在溫差劇烈的地方
- 不要以受壓狀態保存
- 選用烤鹽
- 選用顆粒較大的鹽

Topics 如果鹽不慎受潮

鹽受潮並不表示已經腐壞。無論哪種鹽，都是生產者竭盡心力製作的產物。最好物盡其用而非隨意丟棄。

・外力撞擊敲碎

用湯匙等的握柄或槌子敲碎鹽塊。

・用平底鍋乾煎

以極小火加熱平底鍋來乾煎受潮的鹽。如果是氯化鎂含量較高的鹽，加熱會增強苦味，應避用此法。

・溶化使用

將鹽溶於水中製成糊狀，用於烹飪，或作為浴鹽、按摩鹽，活用於美容用途。

enjoy! salt

簡單又美味！

用鹽烹飪3步驟

簡單又美味的食譜，可享受鹽的魅力。
沒靈感時推薦以下幾道料理。

直接享用或烤來吃都行！

鹹豬肉

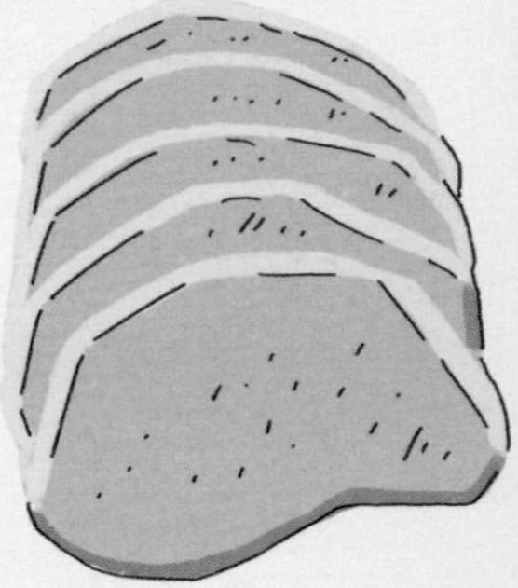

❶在**400g豬里肌肉塊**上均勻搓揉**10g鹽**後，靜置一段時間。
❷擦掉肉上滲出的水分，用廚房紙巾與保鮮膜嚴實包覆，放入冷藏室熟成3天。
❸煮沸一整鍋水，將肉放入並以小火煮約20分鐘，靜置於鍋中冷卻。

味道清爽，令人停不下來

馬鈴薯燉鹹肉

❶以油熱鍋，將**100g豬肉碎片**、切好的**1/2顆洋蔥**與**2顆馬鈴薯**入鍋煎炒。
❷在**200mL的水**中加**酒20mL**、**鹽3g**與**味醂1小匙**，倒入鍋中蓋上落蓋煮20分鐘。
❸最後撒上**黑胡椒**與**蔥花**。

口感滑順

鹽豆腐

❶在**1塊嫩豆腐**上壓重物以確實瀝乾水，均勻抹滿**4g的鹽**。
❷用廚房紙巾包覆❶，放入冷藏室熟成1天（中途須更換廚房紙巾）。
❸切片，最後再淋上**橄欖油**。

依個人喜好調味也OK！

鹽漬鮪魚

❶將**完整的鮪魚切塊**與**喜歡的香草**放入**濃度約3%的鹽水**中煮熟。
❷將❶置於篩子上，靜置半天至一天左右，瀝乾水分。
❸將❷、**橄欖油**、**辣椒**與**香草**放進容器中加以醃漬。

淋在任何食物上都很美味

蔥鹽醬

❶將**1大匙酒**、**1大匙水**與**4g鹽**倒入容器中，充分攪拌使鹽溶化。
❷在❶中加**1小匙芝麻油**與**適量黑胡椒**後攪拌。
❸將切成粗末的**1/2根蔥**與❷拌勻。

推薦給容易畏寒的人

鹽蜂蜜生薑紅茶

❶在**200mL的紅茶**中添加**1大匙蜂蜜**、**1/3小匙生薑泥**與**1g鹽**。

凸顯水果的甜味

鹽水果凍&水果

❶以**濃度0.9%的鹽水**製作果凍。
❷將**香蕉**、**鳳梨**、**奇異果**與**蘋果**等自己喜歡的水果切成1cm的丁狀。
❸將❶的鹽水果凍切成1cm的丁狀，鋪在❷上。

無酒精的鹽味雞尾酒

莫希托風味

❶將**15片薄荷葉**、**1/2顆萊姆**與**少許鹽**放入玻璃杯中搗碎，再倒入**氣泡水**。

享受鹽與酒的搭配樂趣

「食物搭配（Food pairing）」意指享受食物與飲品的良好組合。
鹽可提引出鮮味，或是讓甜味更飽滿……不妨也試著享受以鹽配酒的樂趣。

挑選能凸顯酒味或香氣的鹽

日本自古以來便習慣在木枡（木盒狀酒器）邊緣放鹽，以此作爲日本酒的佐料。這是因過去缺乏下酒菜或經濟拮据等，迫於無奈而衍生出的飲酒方式；但如今卻因爲鹽可凸顯日本酒的味道與香氣，而成爲衆所周知的品飲方式之一。不僅如此，像瑪格麗特等在玻璃杯邊緣沾鹽的雞尾酒也成了經典款。

酒有日本酒、啤酒、葡萄酒與雞尾酒等各式各樣的類型，而鹽的種類也不少，且變化無窮。透過思考酒與鹽的搭配，可大幅拓展飲酒的樂趣。

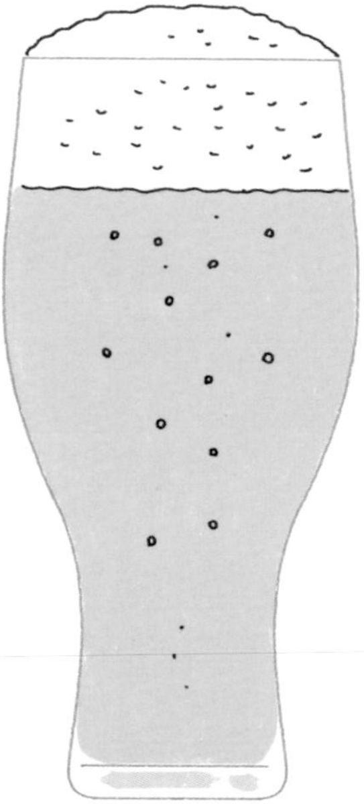

成為下酒佐料的鹽

若將鹽視為下酒佐料來思考，自然要考慮到與酒之間的契合度，建議挑選味道或形狀別具特色的鹽。搭配酒一起端出時，不僅帶來視覺上的樂趣，還能開啟新話題。然而，主角終歸是酒。最好挑選餘韻不會太持久而鹽味不會留到最後的鹽。選擇口感硬脆的鹽會更有品嚐下酒菜的感覺。

◉主要品牌
金字塔鹽（金字塔狀）→p.39
馬爾頓 天然海鹽（金字塔狀）→p.34

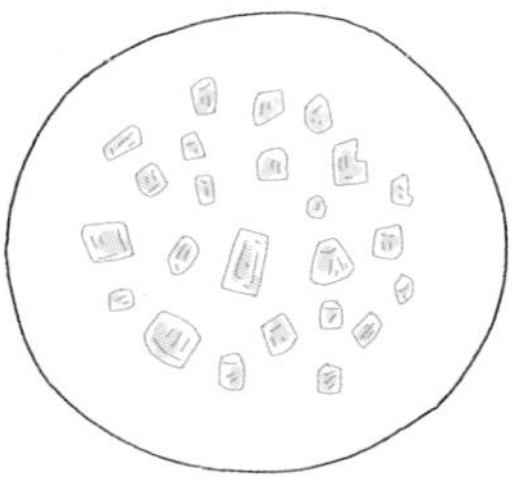

啤酒

啤酒依釀造方式而有無數種風格，不過任何啤酒都帶苦味，所以只要挑選含鎂而帶苦味的鹽，啤酒與鹽的苦味結合後會在口中轉為鮮味。如果是香蕉口味的啤酒，搭配甜味較強的鹽即可讓香蕉味更濃郁；如果是柑橘口味的，則搭配帶柑橘類酸味的鹽，建議像這樣挑選具備共通味道的鹽。

◉主要品牌
粟國之鹽 釜炊（所有啤酒）→p.97
阿敦紅鹽（帶酸味的啤酒）→p.102
印度紅寶石鹽（帶硫磺味的啤酒）→p.148

日本酒

日本酒的原料是米，所以基本上應選擇與米較契合的鹽。若要襯托日本酒的鮮味，鹹味不會太強烈、略微溫潤而鮮味濃郁的鹽是不錯的選擇。然而，鹽的餘韻持久度也很重要。若要搭配爽口而餘味轉瞬即逝的日本酒，選擇餘韻較短的鹽為佳；反之，若要搭配濃郁而口感厚重的日本酒，則選餘韻稍長的鹽會比較適合。

◉主要品牌
神威遊庭鹽 淡雪（適合甘口酒）→p.52
玉藻鹽（適合甘口酒）→p.107
月之鹽 鑽石（適合辛口酒）→p.91

葡萄酒

有一種飲酒方式是在葡萄酒中添加少量的鹽來享用。選鹽時不妨以葡萄品種、紅酒或白酒為基準，紅葡萄酒的單寧含量較多，白葡萄酒則是礦物味較重。比方說，在礦物質感較強烈的白葡萄酒中添加鈉以外的礦物質含量較高的鹽，可增加清新感；在單寧極重的紅葡萄酒中添加微量鹹味較強的鹽，則可抑制澀味。若想輕鬆享用，亦可選用調味鹽。

◉主要品牌
命御庭海鹽（礦物質感較強的白葡萄酒）→p.98
松露鹽（紅葡萄酒）→p.141
法式紅酒鹽 梅洛款（紅葡萄酒）→p.141

雞尾酒

雪花杯型的雞尾酒是在玻璃杯邊緣塗抹檸檬或萊姆的果汁，再沾上一層鹽，比如瑪格麗特或鹹狗等。若要將鹽加入基底酒精、利口酒或果汁中加以溶化，最好選擇易溶解的鹽；如果是要附著在玻璃杯上，則選擇顆粒偏大的鹽為佳。基本上是搭配與所用材料具備相同特色的鹽，比如使用葡萄柚調製的雞尾酒，應搭配帶有如柑橘類果皮苦味的鹽。

◉主要品牌
瑪格麗特鹽（雪花杯型）→p.49
輪島海鹽（使用葡萄柚調製的雞尾酒）→p.64
皮蘭海鹽 鹽之花（雪花杯型、偏甜的雞尾酒）→p.37

enjoy! salt

\ 竟如此方便！ /

生活中的用鹽術

家事

Idea 01 消除容器的氣味

便當盒等容器上沾染了氣味，但不想使用漂白劑時，建議可以用鹽。在沾染氣味的容器中注滿熱水，加入1～2小匙的鹽，溶化後靜置一晚。之後最好再用洗碗精清洗。如此便可將氣味消除得一乾二淨！

Idea 02 讓燒焦的鍋子變得閃閃發亮

用熱水確實弄濕鍋子燒焦的部分，撒上鹽直到看不見焦痕為止。靜置10～15分鐘左右，再用海綿搓洗掉汙垢。如果無法一次完全去除，只須多重複幾次這個過程，即可去除焦痕恢復原狀。

Idea 03 消除附著在桌上的杯漬

鹽也可以有效消除附著在木製家具上的杯漬或容器痕跡。撒鹽覆蓋附著的痕跡，加少許水（約1/4茶匙），再用柔軟的布或海綿擦拭。徹底擦乾水氣，最後不妨再上一層蠟。如此便一塵不染不留半點痕跡。

Idea 04 去除地毯上的汙漬

如果不小心把果汁等撒在地毯上，只須立即撒上鹽，使其吸附液體，片刻後再把鹽清掉。重複這個過程直到鹽不再吸附水分，改用吸塵器清理，最後再用沾水的海綿輕拍擦拭即可。想必汙漬會變淡到不令人在意的程度。

Idea 05 對付棉布或麻布上的泛黃

將4L的水注入大型鍋具裡加熱，加鹽120g、小蘇打粉120g，使其溶化。將泛黃的棉質或麻質衣服放入鍋中煮1小時左右，用淡水徹底清洗後晒乾。泛黃部分會變淡，衣服也清潔溜溜。

鹽是對人體與環境都較為溫和的清潔劑，還可以作為藥來使用，
十分方便。在此介紹各種在家的活用方式。

健康

Idea 01 消除鼻塞！

用鹽水洗滌鼻子可將附著在黏膜上的髒汙清除乾淨，所以有預防感冒與消除鼻塞之效。避免刺鼻的訣竅在於濃度。應使用與體液一樣、濃度約0.9%的鹽水。在500mL的水裡添加4g的鹽，使其完全溶解成鹽水，壓住單邊鼻孔，從另一邊鼻孔吸入鹽水，再從嘴巴吐出。每邊重複數次此過程，兩邊都要做。

※如果害怕用吸的，也可以使用滴管將鹽水滴入鼻腔中。

Idea 02 緩和喉嚨痛

推薦給覺得漱口藥物過於刺激而難以接受的人。在200mL的水中添加一小撮鹽，使其完全溶解。一開始先閉著嘴漱口。接著臉部朝上，張嘴發出「啊～」的聲音，漱口清洗喉嚨。若添加綠茶來進行，加上兒茶素的殺菌效果會更有效。

Idea 03 有效補充水分

持續腹瀉或嘔吐等時候，可能會因體內的水分與礦物質流失而引發脫水症狀。在這種情況下，在500mL的水裡加4g鹽與20g砂糖，完全溶化後飲用，可提高吸收率，發揮口服補水液的效果。

Idea 04 消除眼皮的浮腫

大哭完或睡眠不足而眼皮浮腫時，建議使用這招。在500mL的熱水中添加5g的鹽，充分攪拌之後，將棉花浸泡其中。等到棉花冷卻得差不多後，放在眼皮上停留約10分鐘。

Idea 05 消除蚊蟲叮咬引起的搔癢感

將鹽抹在被蚊蟲叮咬而發癢的部位，加點水搓揉即可消除搔癢感。這是透過鹽的滲透脫水作用吸出蚊蟲注入膚內的發癢成分。請於撓抓前嘗試此法，因為撓抓後不僅沒效，還會因為鹽滲入而感到刺痛。

enjoy! salt

\ 變得更美麗！ /

鹽的美容術

美容

〈注意事項〉
鹽的結晶不僅跟石膏一樣硬，還是有許多尖銳稜角的結晶，大顆粒的鹽有時還會傷害肌膚。如果要直接用於肌膚，關鍵在於盡量挑選細顆粒的鹽。

Idea 01 加入浴缸中，提升代謝！

在普通的200L浴缸中，加入一小撮鹽（約50～70g）。在鈉的作用下，可提高末梢血管的血液循環，從身體內部暖起來，提高代謝並促進發汗。在排毒、紓解疲勞與預防感冒方面也頗具效果。尤其是加入鎂含量高的鹽，會讓熱水的質地變得柔和，促進生成具保濕之效的神經醯胺；若添加硫磺成分高的鹽，則可期待硫磺帶來的排毒效果。

Idea 02 快速去角質

鹽的硬度正適合用來去除老舊角質。在意肌膚暗沉或黑頭粉刺的人，以每2週1次的頻率來去角質會比較有效果。首先，清洗身體後，在浴缸裡好好浸泡，直到身體暖起來再進行。用鹽按摩時，最好遵循右方的注意事項。

〈注意事項〉
・中粒以上的鹽會劃傷肌膚而造成色素沉澱，所以應使用微粒或粉末狀的鹽。
・務必先用溫水溶化成膏狀，畫圓般輕撫肌膚，切勿用力搓揉。
・可以在手肘、膝蓋以及腳跟等角質較厚的部位多抹一些。
・避開眼睛周圍與黏膜。
・將已溶化的鹽（按摩鹽）用完。
・任由鹽長時間停留會造成乾燥肌，所以務必用淡水沖洗乾淨，並以化妝水等進行保濕。

Idea 03 用鹽洗頭，讓頭皮更清爽

鹽可溶解頭皮的油脂，有助於頭皮維持健康的狀態。也推薦在意掉髮的人使用。

・用洗髮精洗頭並沖洗乾淨後，在頭皮上撒約1大匙的鹽，再用指腹按摩。
・頭皮會出油，當水珠會從指尖彈開後即可用水沖洗。
・免用護髮品。不過如果很在意頭髮乾燥，不妨在頭髮上塗抹醋酸（用熱水稀釋的醋）。

Idea 04 用鹽刷牙，讓牙齦更緊實

鹽的殺菌與收斂作用（引起組織收縮）可讓牙齦更為緊實。用牙膏刷牙後，將鹽放在指腹上，針對牙齦輕柔地按摩。不光是外側，最好連內側都確實按摩。

鹽含有各種礦物質，只要善加利用，也能成為美容用品。
以下是經濟實惠又有效的鹽美容法，請務必一試。

Topics 礦物質的作用有美容之效

鹽含有非常多種礦物質成分。在此介紹其中對美容特別有效的成分。

・可使體內暖起來的「鈉」

日本各地自古以來都會將含食鹽的溫泉（鹽泉）用於湯療，含鈉的熱水有促進末梢血管血液循環、讓身體由內變暖並促進發汗的作用。此外，溶成膏狀的細粒鹽亦可作為按摩鹽。

・具保濕效果的「鎂」

鎂與人體內約300種酵素的作用息息相關，也是蛋白質與肌膚代謝所需的成分，還有保護肌膚與黏膜的作用。將鹽溶入泡澡的熱水中，肌膚的蛋白質會與鎂結合而形成皮膜，可預防肌膚乾燥，甚至還能讓熱水的質地變得柔和。

〈注意事項〉
使用鹽容易導致鐵生鏽，所以在浴缸或洗手台等處使用後，務必用淡水沖洗乾淨。

・排毒不可或缺的「硫磺」

硫磺是蛋白質與胺基酸的構成要素，所以是毛髮、肌膚與指甲的必備成分。與維生素B_1或泛酸結合會形成輔酶，可促進醣類的代謝。除此之外，還具備輔助膽汁的分泌、預防有害成分囤積於體內並解毒，以及軟化角質並輕鬆去除的作用。

〈注意事項〉
如果是敏感肌，使用前請先進行貼布測試。

・有助於抗老化的「鋅」

活性氧過量是老化的原因之一，鋅與抑制活性氧的產生息息相關。此外，鋅也是細胞更新的必要成分，會結合胺基酸以穩定蛋白質，也有助於產生膠原蛋白。

值得推薦的沐浴用品！

沖繩製鹽廠所生產的沐浴磨砂膏。含有扶桑花與水雲精華的天然保濕成分。

青海 磨砂皂
（青海股份有限公司）
http://www.aoiumi.co.jp/

封存整顆手掌大小的喜馬拉雅產岩鹽所製成的泡澡球。含有4種鹽與酒粕。

護身符美妝 潔淨鹽球
（Dr. Pranavy）
http://e-omamori.jp/

含有採自日本海的海藻鹽滷水與德國洋甘菊等香草的沐浴用保養品。可重複使用2～3次。

海藻潤澤 Bath HERB
（礦物質工房）
http://www.shiroi-diya.com/

enjoy! salt

鹽的歷史

鹽是人類維持生命不可或缺之物，因此世界各國任何地區都有生產。
歷史上也有不少事件與鹽息息相關，比如為了鹽而發生衝突等。
日本的國土狹窄且鹽資源不豐，
一直以來為了提高海鹽製造的效率與品質而費了不少心思。

世界製鹽史

自古以來，世界各國皆活用國內的鹽資源從事製鹽業，並各自蓬勃發展。

中國擁有得天獨厚的各種鹽資源，自西元前2000年左右便已留下製鹽紀錄，且不斷活用各地區的鹽資源。受惠於海水、鹽湖與地下鹽水，因此並未大規模開採岩鹽。

歐洲則是從西元前1000年左右開始於阿爾卑斯的哈修塔特開採岩鹽。然而，岩鹽層多地處偏僻，而海水、鹽湖與地下鹽水等資源則較爲豐富，因此鹽的生產仍以岩鹽以外的鹽爲主。據說歐洲最古老的製鹽法是將海水引進洞穴內，透過日晒加以乾燥。位於波蘭的維利奇卡岩鹽礦山自西元前5000年起開始採集岩鹽，並以「鹽宮殿」之姿被列爲世界遺產。

日本製鹽史

日本的鹽資源僅限於海水與極少部分的地下鹽水，一直以來在製鹽方面費盡心思。

最古老的製鹽方式便是利用陶器與海藻來生產「藻鹽」。千葉縣出土了繩文時代後期（約3500年前）的製鹽陶器，是日本最古老的製鹽紀錄。進入古墳時代後，製鹽陶器廣布日本各地，許多沿海地區開始製鹽。

到了8世紀左右，能登半島出現了利用大自然的揚濱式鹽田，之後又在濃縮製程中發明出入濱式鹽田與流下式鹽田，結晶製程中所用鍋釜的材質也從黏土改成岩石或鐵。

日本的製鹽業於1971年面臨巨變。在專賣制度下推行的鹽業整頓事業，導致只有極少部分鹽田除外，幾乎所有鹽田都廢晒，僅能透過離子交換膜法來製鹽。要到1997年後，鹽的製造自由化，日本的製鹽技術才獲得急速發展。

日本製鹽法的演變

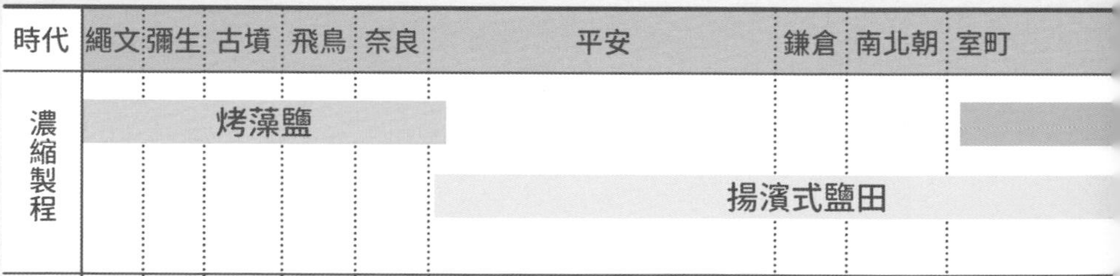
時代
繩文
彌生
古墳
飛鳥
奈良
平安
鎌倉
南北朝
室町
濃縮製程
烤藻鹽
揚濱式鹽田
結晶製程
陶器
陶鍋・網代鍋
石鍋
鐵鍋

鹽的專賣制度

所謂的專賣制度，是指將某物的生產、流通與販售列入管制以獲得國家利益的制度。有鑑於鹽的重要性，許多國家都曾實施專賣制度。

中國自西元前2000年左右開始就有每年進貢鹽的制度，並於西元前600年左右開始實施世界首創的專賣制度；法國則從16世紀左右開始徵收高額鹽稅，據說是引發法國大革命的原因之一。

日本大約是在日俄戰爭時期正式導入專賣制度。目的在於獲得戰爭經費並提升國產鹽的品質與生產力。其後又歷經幾次整頓事業，於1971年透過「第4次鹽業整頓事業」迎來轉折期。國內僅7家製造公司獲允以離子膜濃縮法來製鹽，其餘的製鹽廠皆陸續停業，僅極小部分繼續營運。後來又歷經自然鹽復興運動，日本的專賣制度才於1997年劃下句點。

世界各國過去曾不斷反覆導入、廢除又恢復專賣制度，如今大部分國家皆廢除。

日本的自然鹽復興運動

1971年，因推行鹽業整頓事業而遭停業的製鹽廠經營者與知識分子等有志者集結起來，於各地發起了恢復傳統製鹽的「自然鹽復興運動」。由有志者組成的「食用鹽調查會」、「鹽品質守護會」與「青海與鹽守護會」等所主導，與政府交涉並對一般消費者展開啟蒙活動，最終於1973年取得「再製加工鹽」的製造銷售許可。

從該運動又衍生出其他製鹽形式，出現志在以100％日本國產海水生產非再製加工鹽的製鹽者。他們分別在建於沖繩縣與隸屬東京都的伊豆大島的製鹽設施裡持續研究，並陸續取得政府的許可，於1979年以實驗爲目的，使用100％國產海水來製鹽，從1980年開始每年分發不到12kg的鹽給會員，直到1985年才終於可販售給非會員。

目前日本國內有超過500家製鹽廠生產著特色豐富的鹽，也於2003年開放進口鹽。日本民衆如今能享受的鹽已超過4000種，都是因爲曾經歷過這些歷史性的運動。

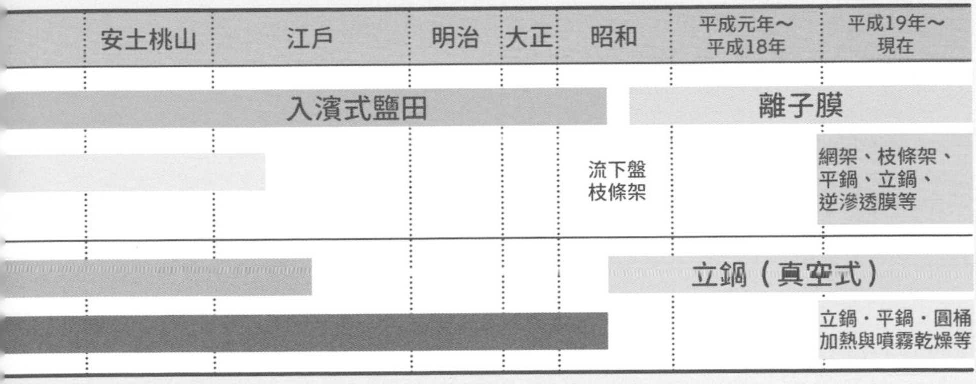

enjoy! salt

\ 真的是生命的必需物質？ /

鹽與健康

鹽經常與高血壓劃上等號，出於這種既定印象而莫名被妖魔化，
但是對於生命源自海洋的人類而言，鹽是不可或缺的必要物質。

鹽對人體的作用

鈉、鎂、鉀與鈣是鹽的主要成分，不僅在調節身體機能方面發揮著重大作用，也是構成骨骼、血液與細胞等的成分。

在調節身體基礎機能上發揮莫大作用的主要是鈉與鉀。此外，鈣是骨骼與牙齒的構成成分；鎂則內含於骨骼、牙齒、肌肉與腦神經中，有助於預防骨質疏鬆症等，這些成分都各有各的作用。

維持滲透壓的穩定

細胞內液中含鉀，細胞外液則是含鈉，分別發揮作用以維持細胞滲透壓的穩定。維持一定滲透壓才能確保細胞正常活動。

維持酸鹼值的平衡

人類的體液通常呈鹼性，pH值約為7.4，但在呼吸或運動等代謝過程中會產生酸性物質而偏酸。鈉則可發揮中和作用，使體液維持鹼性。

產生消化液並協助吸收營養素

鹽有助於消化液的生成，並促進蛋白質的分解。不僅如此，營養素在轉化為離子後才能為人體所吸收，而鹽的礦物質有助於營養素離子化，所以是吸收營養素不可或缺的物質。

輔助神經傳達與肌肉運動

人體是透過來自大腦的電波刺激，來進行神經傳達與肌肉的收縮鬆弛。在鹽水中較容易導電，因此含有適當濃度的鹽分能讓來自大腦的電波訊號順暢傳遞。

對如海水的人體而言 鹽是不可或缺的

人類誕生於海洋並持續進化至今，體內含有代替海水的鹽分。溶入身體的鹽會在體內各種器官中與其他營養素共同發揮重要的作用，但是人體無法自行產生鹽，所以必須透過食品來攝取。

我們人類是透過吃下的攝取鹽並維持適當鹽度，才得以持續健康的生命活動。

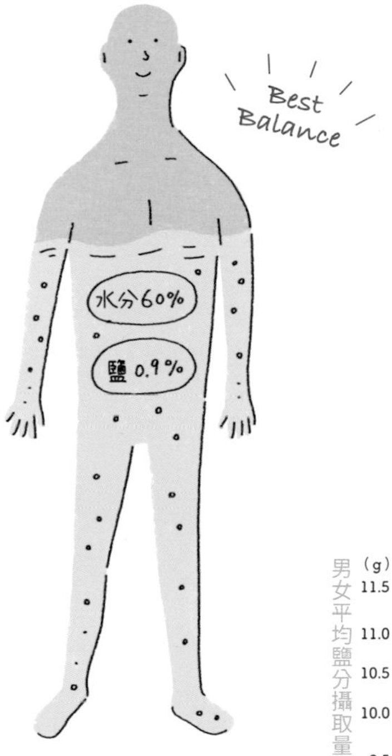

人體有60%是水分。其中約含0.9%的鹽分。攝取適量的鹽並適當維持體內的鹽度，身體才能在健康的狀態下活動。

pick up! 錯誤百出!? 鹽與高血壓之間的關聯性

高血壓的真相①

日本厚生勞動省在重新評估健康值時，每次都會降低建議的成人每日鹽分攝取量，2015年度已改成男性8g／天、女性7g／天。平均攝取量也有下降趨勢，從下圖亦可看出正逐年減少。另一方面，「病因來自於鹽」的高血壓患者數則是穩步增加。

高血壓的真相②

高血壓可分為一次性與二次性2類。一次性高血壓的可能原因有血管老化、壓力、過勞、肥胖、食鹽慢性攝取過量等，但確切原因尚不明確；二次性高血壓則與腎臟病或荷爾蒙異常等所造成的疾病有關，只要病況有所改善，高血壓便能治癒。

高血壓的真相③

高血壓還可進一步區分為鹽敏感型以及非鹽敏感型。鹽敏感型的患者有望透過減鹽來降低血壓，但如果是非鹽敏感型的患者，鹽分攝取量對降低血壓幾乎毫無影響。此外，也有研究結果顯示，日本人的高血壓患者中，約半數屬於「非鹽敏感型」。

鹽分攝取量與高血壓患者數的變化

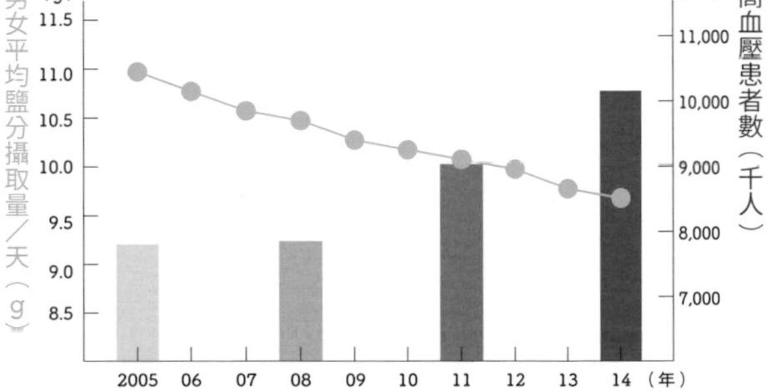

（厚生勞動省的「國民健康與營養調查」2005～2014年）
（厚生勞動省的「患者調查 主要疾病患者總數」2005、2008、2011、2014年）

enjoy! salt

\ 減鹽已經過時!? /

以「適鹽」為目標

從近期鹽與高血壓的相關研究可以得知，
高血壓有各種類型，並非光靠減鹽就能治癒。
在乎健康的人真正需要的是「適鹽」。

極端減鹽帶來的主要症狀

如前所述，鹽在人體中發揮著重要的作用。體內的鹽分若過度減少，人體會無法發揮正常機能，引發各式各樣的毛病。

誘發高血壓

一旦血液中的鈉濃度過度減少，腎臟會感受到生命危險而分泌能提高血壓的荷爾蒙，導致血壓上升。

活化交感神經，降低免疫力

會經常處於壓力狀態而引發末梢神經循環不良，導致代謝不良或免疫力下降等。

引發脫水症狀

當體內的鹽分流失，人體會試圖恢復原本的鹽度而排出水分，進而引發脫水症狀。

酵素失去活性

半數以上的酵素都需要礦物質，缺乏礦物質就無法維持活性並發揮作用。

引發食慾不振與腸胃問題

鹽是消化液的原料，缺乏鹽就無法形成消化液，對胃造成負擔。

體力降低、無力、倦怠感

體內的礦物質比例會失衡，導致細胞無法正常活動。

引起肌肉疲勞或痙攣

體內的鹽度會變淡，導致電訊號無法順暢傳遞而對身體造成負荷。

何謂 適鹽

意指攝取對個人身體
與所處情境而言
適量的鹽。

所謂的「適鹽」，即攝取符合個人所需的適量鹽分。

人體一天中所流失的鹽量會因居住地區、生活環境、運動頻率、年齡、性別、身高或體重等個人狀態而異，換言之，每個人所需的鹽量也各有不同。此外，有些日子會大量流汗，有些日子則幾乎未出汗，人體的狀態時刻都在變化。

人體所需的鹽量本來就會因人或日子而異。掌握自身狀態並因應當天或當下所需調整攝取方式，才能做到「健康攝取鹽分」。

不僅限於鹽，任何東西攝取過量都會對身體造成不良影響，反之，極端減量亦然。最好在「適鹽」方面多用心，過著健康的生活！

必要鹽量會隨著環境或飲食生活而有所不同

過去以「爲了健康」爲由而呼籲減鹽以預防高血壓。然而，從近年的研究可知，高血壓的原因不僅限於鹽分攝取量。換言之，減鹽不見得與健康劃上等號。

此外，據說日本人的鹽分攝取量高於歐美人，但是考慮到日本的氣候高溫多濕而體內鹽分容易流失，加上飲食生活以植物性食品爲主而容易促進鹽分排出，這樣的狀況可說是必然的。配合環境或飲食生活確實攝取適量的鹽（適鹽），這才是通往健康的捷徑。

自己的舌頭就是適鹽的計量表

請回想一下喝水時的情況。口渴時，水喝起來甘甜可口；不渴時，卻覺得難以下嚥。這便是身體的本能反應。

鹽亦如此，當身體的礦物質不足時，會覺得鹽是美味的；礦物質充足時，卻覺得太鹹。每個人都具備的舌頭正是適鹽的計量表。

追求適鹽生活要留心

飲食的調味盡量簡單

使用最低限度的鹽與優質食用油等調味料，享受食材的原味。鹽分的控制也易如反掌。

選擇適合食材或烹調方式的鹽

質重於量。選擇適合食材或烹調方式的鹽，即可減少鹽的用量。

料理維持適溫

料理的溫度過高或是過低，都會讓人不易感受到鹹味或甜味，導致調味過重。

同時端出味道濃郁與清淡的料理

若全都是清淡的料理會降低滿足感。只要1道味道較濃郁的料理，便可提升用餐的滿足感。

不攝取過多加工食品

加工食品的調味偏重且含有添加物，往往讓人在不知不覺間攝取過多的鈉。

巧妙利用高湯、酸味與辛香料

只要將高湯熬得稍濃一點，或是活用醋與香料等的香氣，即便減鹽也容易感到滿足。

上菜後才撒鹽或沾鹽

用舌頭直接感受味道較能減少用鹽量，因此先清淡調味，上桌後再撒上需要量來享用為佳。

鹽名索引 salt Index

作者介紹

青山志穗（Aoyama Shiho）

代表理事資深鹽品鑑師
一般社團法人日本鹽品鑑協會代表理事

生於東京。自2007年起移居沖繩縣。慶應義塾大學畢業後，曾任職於食品大廠，之後轉任鹽專賣店，從中體會到鹽的深度，不僅建立公司內部專用的「鹽品評師」認證制度，還負責人才培育與商品開發。
於2012年自立門戶，設立一般社團法人日本鹽品鑑協會。為了培育日本首創的品鹽專家而成立了「鹽品鑑師」的認證制度。
目前經常在電視、廣播或雜誌等處講述鹽的魅力、與日本食品大廠共同開發商品、與知名主廚合作、分享如何從店內現有的鹽中挑選並搭配，以及在東京、沖繩、香港等日本與世界各地舉辦鹽的講座等，走遍各地的同時，仍持續針對鹽的名產地沖繩的鹽、世界各地的鹽，以及讓料理更美味的靈活用鹽法進行研究，每天都為了普及鹽（適鹽理念）而展開工作。
主要著作（合著）有《鹽圖鑑》（東京書籍）與《琉球鹽手帖》（Border Ink）。

NIHON TO SEKAI NO SHIO NO ZUKAN

Cover design by Yuko Koseki
Photo by Tetsuhiko Inafuku, masaco
Illustrated by Teppei Nakao
Originally published in Japan in 2016 by ASA PUBLISHING CO.,LTD.,TOKYO.
Traditional Chinese Characters translation rights arranged with
ASA PUBLISHING CO.,LTD.,TOKYO, through TOHAN CORPORATION, TOKYO.

日本與世界的鹽圖鑑

日本品鹽師嚴選！從產地與製法
解開245款天然鹽的美味關鍵

2023年10月1日初版第一刷發行

著　　者　青山志穂
譯　　者　童小芳
編　　輯　吳欣怡
發 行 人　若森稔雄
發 行 所　台灣東販股份有限公司
<地址>台北市南京東路4段130號2F-1
<電話>(02)2577-8878
<傳真>(02)2577-8896
<網址>http://www.tohan.com.tw
郵撥帳號　1405049-4
法律顧問　蕭雄淋律師
總 經 銷　聯合發行股份有限公司
<電話>(02)2917-8022

國家圖書館出版品預行編目(CIP)資料

日本與世界的鹽圖鑑：日本品鹽師嚴選！從產地與製法解開245款天然鹽的美味關鍵／青山志穗著；童小芳譯. -- 初版. -- 臺北市：臺灣東販股份有限公司, 2023.10
184面；14.8×21公分
ISBN 978-626-379-021-6（平裝）

1.CST：鹽　2.CST：鹽業　3.CST：通俗作品

463.2　　112014183